JN098698

高専テキストシリーズ

微分積分1
問題集［第2版］

上野 健爾 監修
高専の数学教材研究会 編

Differential
and Integral I

森北出版

まえがき

　本書は，高専テキストシリーズの『微分積分 1』に準拠した問題集である．各節は，[**まとめ**] に続いて，問題を難易度別に配置した．詳しい構成は，下記のとおりである．

まとめ　　いくつかの要項

原則的に，教科書『微分積分 1』にある枠で囲まれた定義や定理，公式に対応したものである．ここに書かれていることは，問題を解いていくうえで必要不可欠であるので，しっかりと理解してほしい．

A　問題　　教科書の問レベル

教科書の本文中の問に準拠してあり，問だけでは足りない分を補う役割を果たしている．これらの問題が解ければ，これ以後の学習に必要な内容が修得できるように配慮してある．

B　問題　　教科書の練習問題および定期試験レベル

教科書で割愛された典型的な問題も，この中に例題として収録し，直後にその理解のための問題をおいている．また，問題を解く上で必要な [**まとめ**] の内容や関連する [**A**] の問題などを参照できるように，要項番号および問題番号を [→] で示している．

C　問題　　大学編入試験問題レベル

過去の入試問題を参考にして，何が問われているかを吟味した上で，それに特化した問題に作り替えたものである．基礎的な問題から応用問題まで，その難易度は幅広いが，ぜひチャレンジしてほしい．

　マーク　　数表や関数電卓を用いる問題

数学の理解には計算力は必須であるが，情報や電卓，コンピュータなどの機器を利用するのも数学力を鍛える 1 つの道である．

解　答

全問に解答をつけた．とくに [**B**]，[**C**] 問題の解答はできるだけ詳しく，その道筋がわかるように示した．

　数学は，自らが考え問題を解くことによって理解が深まるものである．本書を活用することで，自分で考える習慣を身につけ，『微分積分 1』で学習する内容の理解をより確実なものにしてほしい．また，大学編入試験対策にも役立つことを願っている．

2021 年 10 月

高専テキストシリーズ　執筆者一同

目　次

数列と関数の極限

1 数列とその和

まとめ

1.1 数列 数を一定の規則にしたがって一列に並べたものを**数列**という. 数列 $a_1, a_2, a_3, \ldots$ を $\{a_n\}$ と表す. 第 1 項 a_1 を初項, 第 n 項 a_n を**一般項**という.

1.2 等差数列 初項 a に一定の数 d を次々に加えていくことによって作られる数列を**等差数列**といい, d をその**公差**という.

(1) 等差数列の一般項は, $a_n = a + (n-1)d$ である.

(2) 等差数列の初項から第 n 項までの和 S_n は, 次の式で表される.

$$S_n = \frac{n(a_1 + a_n)}{2} = \frac{n\{2a + (n-1)d\}}{2}$$

1.3 等比数列 初項 a に一定の数 r を次々にかけていくことによって作られる数列を**等比数列**といい, r をその**公比**という.

(1) 等比数列の一般項は, $a_n = ar^{n-1}$ である.

(2) 等比数列の初項から第 n 項までの和 S_n は, 次の式で表される.

$$S_n = \begin{cases} \dfrac{a(1-r^n)}{1-r} = \dfrac{a(r^n-1)}{r-1} & (r \neq 1) \\ na & (r = 1) \end{cases}$$

1.4 総和の記号 数列 $\{a_n\}$ の初項から第 n 項までの和を, 次の記号で表す. $\sum$ を**総和の記号**または**シグマ記号**という.

$$\sum_{k=1}^{n} a_k = a_1 + a_2 + \cdots + a_n$$

1.5　和の公式　任意の自然数 n に対して，次の和の公式が成り立つ.

(1) $\displaystyle\sum_{k=1}^{n} k = 1 + 2 + 3 + \cdots + n = \frac{n(n+1)}{2}$

(2) $\displaystyle\sum_{k=1}^{n} k^2 = 1^2 + 2^2 + 3^2 + \cdots + n^2 = \frac{n(n+1)(2n+1)}{6}$

(3) $\displaystyle\sum_{k=1}^{n} k^3 = 1^3 + 2^3 + 3^3 + \cdots + n^3 = \frac{n^2(n+1)^2}{4} = \left\{\frac{n(n+1)}{2}\right\}^2$

1.6　総和の記号の性質　2 つの数列 $\{a_n\}, \{b_n\}$ および定数 c について，次のことが成り立つ. (2), (3) の性質を**線形性**という.

(1) $\displaystyle\sum_{k=1}^{n} c = nc$　　　　　　(2) $\displaystyle\sum_{k=1}^{n} ca_k = c\sum_{k=1}^{n} a_k$

(3) $\displaystyle\sum_{k=1}^{n} (a_k \pm b_k) = \sum_{k=1}^{n} a_k \pm \sum_{k=1}^{n} b_k$　　（複号同順）

1.7　数列の漸化式　数列 $\{a_n\}$ の，一般項を含むいくつかの項の間に成り立つ関係式を**漸化式**という. 最初のいくつかの項の値と漸化式が与えられると，数列の各項の値を次々に求めることができる.

1.8　数学的帰納法　自然数 n に関する命題を示すには，次の 2 つのことを証明すればよい. このような証明方法を，**数学的帰納法**という.

（ⅰ）$n = 1$ のとき，その命題が成り立つ.

（ⅱ）$n = k$ のときその命題が成り立つならば，$n = k + 1$ のときにも成り立つ.

A

Q1.1　一般項が次の式で表される数列のはじめの 3 項，および第 10 項を求めよ.

(1) $a_n = 4n - 5$　　　　　　(2) $a_n = \dfrac{n}{n^2 + 1}$

(3) $a_n = \dfrac{1 + (-1)^{n-1}}{2}$　　　(4) $a_n = \cos\dfrac{n\pi}{2}$

Q1.2　次の数列の規則を考えて ( ) の中に適切な数を入れよ. また，一般項を求めよ.

(1) $4, 7, 10, 13, 16, (\ \ ), (\ \ ), \cdots$

(2) $3, 6, 12, 24, 48, (\ \ ), (\ \ ), \cdots$

(3) $1 \cdot 3,\ \ 2 \cdot 5,\ \ 3 \cdot 7,\ \ 4 \cdot 9,\ \ 5 \cdot 11,\ \ (\ \ ),\ \ (\ \ ),\ \ \cdots$

(4) $\dfrac{1}{2},\ \dfrac{4}{4},\ \dfrac{9}{8},\ \dfrac{16}{16},\ \dfrac{25}{32},\ (\ \ ),\ (\ \ ),\ \cdots$

Q1.3 次の等差数列の一般項 a_n を求めよ.

(1) $-7,\ -4,\ -1,\ \ldots$ 　　　　　(2) $42,\ 36,\ 30,\ \ldots$

(3) $-1,\ \dfrac{1}{2},\ 2,\ \ldots$ 　　　　　(4) $\sqrt{2},\ 0,\ -\sqrt{2},\ldots$

Q1.4 次の等差数列の初項 a, 公差 d, 一般項 a_n を求めよ.

(1) 初項が 8, 第 6 項が -12 　　(2) 初項が $\dfrac{3}{2}$, 第 4 項が -3

(3) 第 5 項が -1, 第 9 項が 11 　(4) 第 3 項が 1, 第 9 項が 5

Q1.5 次の等差数列の和を求めよ.

(1) 初項が 13, 第 10 項が -50 のとき, 初項から第 10 項までの和

(2) 初項が 6, 公差が $\dfrac{3}{2}$ のとき, 初項から第 7 項までの和

(3) $1 + 3 + 5 + \cdots + 99$ 　　　(4) $100 + 103 + 106 + \cdots + 199$

Q1.6 次の等比数列の公比 r と一般項 a_n を求めよ.

(1) $2,\ 6,\ 18,\ 54,\ \ldots$ 　　　　(2) $-5,\ 10,\ -20,\ 40,\ \ldots$

(3) $1,\ \dfrac{2}{3},\ \dfrac{4}{9},\ \dfrac{8}{27},\ \ldots$ 　　(4) $8,\ 12,\ 18,\ 27,\ \ldots$

Q1.7 次の条件を満たす等比数列の一般項 a_n を求めよ. 公比は実数とする.

(1) 初項が 8, 第 4 項が 1 　　(2) 第 3 項が 2, 第 6 項が $-\dfrac{2}{27}$

(3) 第 3 項が 12, 第 5 項が 48 　(4) 初項が 5, 第 7 項が 40

Q1.8 次の等比数列の和を求めよ.

(1) 初項が 3, 公比が -2 のとき, 初項から第 9 項までの和

(2) 初項が 6, 公比が $\dfrac{1}{3}$ のとき, 初項から第 6 項までの和

(3) $2 + 6 + 18 + \cdots + 1458$ 　　(4) $4 - 2 + 1 - \cdots + \dfrac{1}{64}$

Q1.9 次の式を, 総和の記号 $\sum$ を用いないで表せ.

(1) $\displaystyle\sum_{k=0}^{2}(3k-2)$ 　　　　(2) $\displaystyle\sum_{k=1}^{3}2\cdot(-3)^{k-1}$

(3) $\displaystyle\sum_{k=3}^{5}k\cdot 2^k$ 　　　　(4) $\displaystyle\sum_{k=-2}^{0}3^{k+2}$

Q1.10 次の式を総和の記号 $\sum$ を用いて表せ.

(1) $1 + 3 + 5 + \cdots + 99$ 　　(2) $3^2 + 4^2 + 5^2 + 6^2 + 7^2 + 8^2$

(3) $\dfrac{1}{2} + \dfrac{3}{4} + \dfrac{5}{6} + \cdots + \dfrac{99}{100}$ 　(4) $2 - 2\cdot5 + 2\cdot5^2 + \cdots + 2\cdot(-5)^{n-1}$

Q1.11 次の和を求めよ.

(1) $\displaystyle\sum_{k=1}^{60} k$ (2) $\displaystyle\sum_{k=1}^{20} k^2$ (3) $\displaystyle\sum_{k=1}^{5} k^3$

(4) $\displaystyle\sum_{k=4}^{8} k^2$ (5) $\displaystyle\sum_{k=3}^{7} k^3$ (6) $\displaystyle\sum_{k=4}^{n-1} k$ $(n \geqq 5)$

Q1.12 次の和を求めよ.

(1) $\displaystyle\sum_{k=1}^{n} (2k-1)$ (2) $\displaystyle\sum_{k=1}^{n} (3k^2+k)$

(3) $\displaystyle\sum_{k=1}^{n} k(k+1)$ (4) $\displaystyle\sum_{k=1}^{n} (2k^3-k)$

Q1.13 [ ] 内の部分分数分解を用いて,次の和を求めよ.

(1) $\displaystyle\sum_{k=1}^{n} \frac{1}{k(k+1)}$ $\left[\dfrac{1}{k(k+1)} = \dfrac{1}{k} - \dfrac{1}{k+1} \right]$

(2) $\displaystyle\sum_{k=1}^{n} \frac{1}{(3k-1)(3k+2)}$ $\left[\dfrac{1}{(3k-1)(3k+2)} = \dfrac{1}{3}\left(\dfrac{1}{3k-1} - \dfrac{1}{3k+2} \right) \right]$

Q1.14 次の漸化式を満たす数列のはじめの 5 項を求めよ.

(1) $a_1 = 1,\ a_{n+1} = 4a_n + 1$ (2) $a_1 = 2,\ a_{n+1} = 2a_n + n$

(3) $a_1 = -2,\ a_{n+1} = \dfrac{a_n + 1}{2}$ (4) $a_1 = 1,\ a_{n+1} = a_n^2 + 1$

Q1.15 次の漸化式を満たす数列の一般項を求めよ.

(1) $a_1 = 2,\ a_{n+1} = a_n - 5$ (2) $a_1 = 2,\ a_{n+1} = -2a_n$

(3) $a_1 = 2,\ a_{n+1} = 3a_n - 2$ (4) $a_1 = 1,\ a_{n+1} = \dfrac{a_n - 1}{2}$

Q1.16 数学的帰納法を用いて,すべての自然数 n について次の等式が成り立つことを証明せよ.

(1) $1 + 3 + 3^2 + \cdots + 3^{n-1} = \dfrac{3^n - 1}{2}$

(2) $\dfrac{1}{1 \cdot 2} + \dfrac{1}{2 \cdot 3} + \dfrac{1}{3 \cdot 4} + \cdots + \dfrac{1}{n(n+1)} = \dfrac{n}{n+1}$

B

Q1.17 次の数列の規則を考えて，一般項 a_n を n の式で表せ．　　　→ Q1.2

(1) $1,\ 3,\ 7,\ 15,\ 31,\ \ldots$ 　　　　(2) $0,\ 3,\ 0,\ 3,\ 0,\ 3,\ \ldots$

(3) $\dfrac{2}{1\cdot 3},\ \dfrac{4}{3\cdot 5},\ \dfrac{6}{5\cdot 7},\ \dfrac{8}{7\cdot 9},\ \ldots$ 　　(4) $1,\ 2,\ 6,\ 24,\ 120,\ 720,\ \ldots$

Q1.18 初項 -60，公差 7 の等差数列について，次の問いに答えよ．

→ まとめ 1.2, Q1.3

(1) 80 は第何項か．　　　　　(2) 初めて正となるのは第何項か．

Q1.19 等差数列 $-1,\ 4,\ 9,\ 14,\ \ldots$ について，次の問いに答えよ．

→ まとめ 1.2, Q1.5

(1) 初項から第 n 項までの和を求めよ．

(2) 第 13 項から第 31 項までの和を求めよ．

Q1.20 1 から 200 までの 6 の倍数を小さい順に並べた数列において，次のものを求めよ．　　　　→ Q1.3, 1.5

(1) 最後の項と項数　　　　　(2) 42 から最後の項までの和

Q1.21 100 以上 300 以下の整数で，6 または 9 で割り切れるものの総和を求めよ．

→ Q1.3, 1.5

Q1.22 次の条件を満たす等差数列の一般項を求めよ．　　　→ まとめ 1.2

(1) $a_{n+3} - a_n = 2,\ a_4 = -1$ 　　(2) $a_{2n} - 2a_n = 7,\ a_5 = 3$

Q1.23 次の条件を満たす等比数列の一般項を求めよ．公比は実数とする．

→ まとめ 1.3

(1) $\dfrac{a_{n+3}}{a_n} = -8,\ a_4 = 24$ 　　(2) $\dfrac{a_{2n}}{(a_n)^2} = 81,\ a_5 = -3$

Q1.24 3 辺の長さが $a,\ b,\ c$ の直角三角形があり，$a < b < c$ とする．このとき，次の問いに答えよ．　　　　→ Q1.3, 1.6

(1) $a,\ b,\ c$ がこの順に等差数列になっているとき，$a : b : c$ を求めよ．

(2) $a,\ b,\ c$ がこの順に等比数列になっているとき，公比を求めよ．

Q1.25 　初項 2，公比 3 の等比数列の初項から第 n 項までの和が，99999 より大きくなるような最小の n を求めよ（$\log_{10} 3 = 0.4771$ として計算せよ）．

→ まとめ 1.3, Q1.8

Q1.26 🔳 1 辺の長さが $\dfrac{1}{\sqrt{2}}$ の正方形を S_1 とする．この正方形 S_1 の各辺の中点を結んでできる正方形を S_2，正方形 S_2 の各辺の中点を結んでできる正方形を S_3 とし，以下同様に正方形 S_4, S_5, S_6, ... を作る．このとき，次の問いに答えよ． → まとめ 1.3, Q1.8

(1) S_1, S_2, S_3 の面積の値をそれぞれ求めよ．

(2) S_1 から S_n までの面積の総和が 0.9999 より大きくなるような n の最小値を求めよ（$\log_{10} 2 = 0.3010$ として計算せよ）．

Q1.27 自然数を

$$1 \mid 2\ 3 \mid 4\ 5\ 6 \mid 7\ 8\ 9\ 10 \mid 11\ 12\ 13\ 14\ 15 \mid 16 \cdots$$

とグループ分けする．n 番目のグループに入る数の総和を求めよ． → Q1.5

Q1.28 自然数を 2 乗した数を

$$1^2 \mid 2^2\ 3^2 \mid 4^2\ 5^2\ 6^2 \mid 7^2\ 8^2\ 9^2\ 10^2 \mid 11^2\ 12^2\ 13^2\ 14^2\ 15^2 \mid 16^2 \cdots$$

とグループ分けする．n 番目のグループに入る数の総和を求めよ．

→ まとめ 1.5, Q1.11, 1.12

Q1.29 次の和を求めよ． → まとめ 1.6, Q1.12, 1.13

(1) $\displaystyle\sum_{k=1}^{n} k(k+1)(k+2)$ 　　(2) $\displaystyle\sum_{k=1}^{n} \dfrac{1}{k^2 + 4k + 3}$

(3) $\displaystyle\sum_{k=1}^{n} \dfrac{k}{(k+1)!}$ 　　(4) $\displaystyle\sum_{k=1}^{n} \dfrac{1}{\sqrt{k+1} + \sqrt{k}}$

Q1.30 次の和を求めよ． → まとめ 1.5, Q1.12

(1) $\displaystyle\sum_{n=1}^{m} \left(\sum_{k=1}^{n} 1 \right)$ 　　(2) $\displaystyle\sum_{n=1}^{m} \left(\sum_{k=1}^{n} k \right)$

例題 1.1

数列 $\{a_n\}$ に対して，$b_n = a_{n+1} - a_n$ で定められる数列 $\{b_n\}$ を $\{a_n\}$ の **階差数列** という．数列 $\{a_n\}$ の階差数列を $\{b_n\}$ とすると，

$$a_n = a_1 + \sum_{k=1}^{n-1} b_k \quad (n \geqq 2)$$

であることを示せ．また，このことを利用して，数列 1, 2, 5, 10, 17, 26, ... の一般項 a_n を求めよ．

解　$n \geqq 2$ のとき

$$\sum_{k=1}^{n-1} b_k = b_1 + b_2 + b_3 + \cdots + b_{n-1}$$

$$= (a_2 - a_1) + (a_3 - a_2) + (a_4 - a_3) + \cdots + (a_n - a_{n-1})$$

$$= -a_1 + a_n$$

であるから，$a_n = a_1 + \sum_{k=1}^{n-1} b_k$ が成り立つ．

　次に，与えられた数列 $\{a_n\}$ の階差数列を $\{b_n\}$ とする．隣り合う 2 つの項の差をとると，$\{b_n\}$ は 1, 3, 5, 7, 9, ... となるから，$b_n = 2n - 1$ である．したがって，$n \geqq 2$ のとき，

$$a_n = a_1 + \sum_{k=1}^{n-1} b_k$$

$$= 1 + \sum_{k=1}^{n-1} (2k - 1)$$

$$= 1 + 2 \sum_{k=1}^{n-1} k - \sum_{k=1}^{n-1} 1$$

$$= 1 + 2 \cdot \frac{(n-1)n}{2} - (n-1) = n^2 - 2n + 2$$

である．$n = 1$ のとき，$a_1 = 1^2 - 2 \cdot 1 + 2 = 1$ となるから，この式は $n = 1$ のときも成り立つ．したがって，求める一般項は $a_n = n^2 - 2n + 2$ である．

Q1.31　階差数列をとって，次の数列の一般項 a_n を求めよ．

(1) 2, 4, 8, 14, 22, 32, ...

(2) 1, 4, 13, 40, 121, 364, ...

Q1.32　数列 $\{a_n\}$ が次の漸化式を満たすとき，一般項を求めよ．

(1) $a_1 = 2$, $a_{n+1} = a_n + 1$　　　　(2) $a_1 = 1$, $a_{n+1} = a_n + 2n$

Q1.33　数列 $\{a_n\}$ が漸化式 $a_1 = 1$, $a_{n+1} = 2a_n + 1$ を満たすとき，$a_n = 2^n - 1$ であることを数学的帰納法を用いて証明せよ．　　　　→ **まとめ** 1.8, Q1.16

Q1.34 数学的帰納法を用いて，すべての自然数 n について次の等式が成り立つことを証明せよ． → まとめ 1.8, Q1.16

(1) $1 \cdot 1! + 2 \cdot 2! + 3 \cdot 3! + \cdots + n \cdot n! = (n+1)! - 1$

(2) $\left(1 - \dfrac{1}{2^2}\right)\left(1 - \dfrac{1}{3^2}\right)\left(1 - \dfrac{1}{4^2}\right) \cdot \cdots \cdot \left(1 - \dfrac{1}{n^2}\right) = \dfrac{n+1}{2n}$ $(n \geqq 2)$

Q1.35 数学的帰納法を用いて，$n \geqq 2$ となるすべての自然数 n について次の不等式が成り立つことを証明せよ． → まとめ 1.8, Q1.16

$$\frac{1}{1^2} + \frac{1}{2^2} + \frac{1}{3^2} + \cdots + \frac{1}{n^2} < 2 - \frac{1}{n} \quad (n \geqq 2)$$

C

Q1.36 $S_n = \displaystyle\sum_{k=1}^{n} k \cdot c^k$ とするとき，S_n を n の式で表せ．ただし，$c \neq 1$ とする．

(類題：大阪大学)

2　数列の極限

まとめ

2.1 数列の収束 項が無限に続く数列を**無限数列**という．無限数列 $\{a_n\}$ において，n が限りなく大きくなるとき，a_n がある一定の値 α に限りなく近づいていくならば，数列 $\{a_n\}$ は α に**収束する**といい，

$$\lim_{n \to \infty} a_n = \alpha \quad \text{または} \quad a_n \to \alpha \quad (n \to \infty)$$

と表す．α を数列 $\{a_n\}$ の**極限値**という．

2.2 数列の極限値の性質 $\displaystyle\lim_{n \to \infty} a_n = \alpha$, $\displaystyle\lim_{n \to \infty} b_n = \beta$ のとき，次のことが成り立つ．(1), (2) の性質を線形性という．

(1) $\displaystyle\lim_{n \to \infty} c a_n = c\alpha$ （c は定数）

(2) $\displaystyle\lim_{n \to \infty} (a_n \pm b_n) = \alpha \pm \beta$ （複号同順）

(3) $\displaystyle\lim_{n \to \infty} a_n b_n = \alpha\beta$

(4) $\displaystyle\lim_{n \to \infty} \frac{a_n}{b_n} = \frac{\alpha}{\beta}$ $(b_n \neq 0, \ \beta \neq 0)$

2.3 数列の発散

(1) 数列 $\{a_n\}$ が収束しないとき，数列 $\{a_n\}$ は**発散**するという．

(2) 数列 $\{a_n\}$ が発散するとき，次の場合がある．

- 正の無限大に発散する（$n \to \infty$ のとき $a_n \to \infty$）.
- 負の無限大に発散する（$n \to \infty$ のとき $a_n \to -\infty$）.
- 上記のいずれでもないときは，**振動**するという．

2.4 等比数列の収束と発散

$$\lim_{n \to \infty} r^n = \begin{cases} \infty & (r > 1 \text{ のとき}) \\ 1 & (r = 1 \text{ のとき}) \\ 0 & (|r| < 1 \text{ のとき}) \end{cases}$$

$r \leqq -1$ のときは $\{r^n\}$ は振動する．

2.5 級数とその和　　数列 $\{a_n\}$ の項を形式的に限りなく加えていった

$$a_1 + a_2 + a_3 + \cdots + a_n + \cdots$$

を**無限級数**または単に**級数**といい，$\displaystyle\sum_{n=1}^{\infty} a_n$ と表す．

(1) a_1 から a_n までの和

$$S_n = \sum_{k=1}^{n} a_k = a_1 + a_2 + \cdots + a_n$$

を，級数の（**第 n**）**部分和**という．

(2) 級数 $\displaystyle\sum_{n=1}^{\infty} a_n$ の部分和の作る数列 $\{S_n\}$ がある値 S に収束するとき，級数は S に**収束する**といい，S を級数の**和**という．

(3) 級数 $\displaystyle\sum_{n=1}^{\infty} a_n$ が収束すれば $\displaystyle\lim_{n \to \infty} a_n = 0$ である．

この対偶より，$\displaystyle\lim_{n \to \infty} a_n \neq 0$ ならば，級数 $\displaystyle\sum_{n=1}^{\infty} a_n$ は発散する．

2.6 等比級数の収束と発散

$$\sum_{n=1}^{\infty} ar^{n-1} = a + ar + ar^2 + \cdots + ar^{n-1} + \cdots = \frac{a}{1-r} \quad (|r| < 1)$$

等比級数は，$|r| < 1$ のとき収束し，$|r| \geqq 1$ のとき発散する.

2.7 級数の和の線形性 $\displaystyle\sum_{n=1}^{\infty} a_n, \sum_{n=1}^{\infty} b_n$ が収束するとき，$\displaystyle\sum_{n=1}^{\infty} ca_n$（$c$ は定数），

$\displaystyle\sum_{n=1}^{\infty}(a_n \pm b_n)$ も収束して次のことが成り立つ.

(1) $\displaystyle\sum_{n=1}^{\infty} ca_n = c \sum_{n=1}^{\infty} a_n$ （c は定数）

(2) $\displaystyle\sum_{n=1}^{\infty}(a_n \pm b_n) = \sum_{n=1}^{\infty} a_n \pm \sum_{n=1}^{\infty} b_n$ （複号同順）

A

Q2.1 次の極限値を求めよ.

(1) $\displaystyle\lim_{n\to\infty} \frac{3n+4}{2n-5}$ (2) $\displaystyle\lim_{n\to\infty} \frac{3+5n}{4-3n}$

(3) $\displaystyle\lim_{n\to\infty} \frac{n^2+2n-4}{2n^2+3}$ (4) $\displaystyle\lim_{n\to\infty} \frac{3n^2+4n+1}{n^3+1}$

Q2.2 一般項が次の式で表される数列の収束・発散を調べ，収束するときにはその極限値を求めよ.

(1) $3n^2 - 5n$ (2) $\dfrac{n^2+5n-1}{3-2n}$ (3) $\dfrac{3n^2+2n+1}{n^2+5n+1}$

(4) $\dfrac{\sqrt{n^2+2n}}{n-1}$ (5) $\sin 2n\pi$ (6) $\cos \dfrac{n\pi}{2}$

Q2.3 次の等比数列の収束・発散を調べ，収束するときにはその極限値を求めよ.

(1) $\dfrac{1}{2},\ \dfrac{2}{3},\ \dfrac{8}{9},\ \cdots$ (2) $3,\ -2,\ \dfrac{4}{3},\ -\dfrac{8}{9},\ \cdots$

(3) $6,\ 2\sqrt{3},\ 2,\ \cdots$ (4) $1,\ -2,\ 4,\ -8,\ \cdots$

Q2.4 一般項が次の式で表される数列の収束・発散を調べ，収束するときにはその極限値を求めよ.

(1) $\dfrac{3^n+4}{3^n}$ (2) $\dfrac{3^n+1}{3^n+2^n}$ (3) $\dfrac{4^n-3^n}{3^n-2^n}$

Q2.5 次の級数の収束・発散を調べ，収束するときにはその和を求めよ．

(1) $\displaystyle\sum_{n=1}^{\infty}\frac{n+1}{n+2}$

(2) $\displaystyle\sum_{n=1}^{\infty}\frac{1}{(3n-2)(3n+1)}$

(3) $\displaystyle\sum_{n=1}^{\infty}\left(\sqrt{n+2}-\sqrt{n+1}\right)$

(4) $\displaystyle\sum_{n=1}^{\infty}\left(\frac{1}{\sqrt{n}}-\frac{1}{\sqrt{n+1}}\right)$

Q2.6 次の等比級数の収束・発散を調べ，収束するときにはその和を求めよ．

(1) $6+4+\dfrac{8}{3}+\dfrac{16}{9}+\cdots$

(2) $6-3+\dfrac{3}{2}-\dfrac{3}{4}+\cdots$

(3) $\displaystyle\sum_{n=1}^{\infty}2\cdot\left(\frac{3}{2}\right)^{n}$

(4) $\displaystyle\sum_{n=1}^{\infty}\left(-\frac{\sqrt{5}}{2}\right)^{n-1}$

Q2.7 次の循環小数を既約分数で表せ．

(1) $0.1\dot{2}=0.1222\cdots$

(2) $1.\dot{2}\dot{3}=1.232323\cdots$

(3) $2.\dot{1}\dot{5}=2.151515\cdots$

(4) $1.\dot{1}5\dot{3}=1.153153\cdots$

Q2.8 次の級数の収束・発散を調べ，収束するときにはその和を求めよ．

(1) $\displaystyle\sum_{n=1}^{\infty}\frac{2\cdot3^{n-1}-4^{n-1}}{5^{n-1}}$

(2) $\displaystyle\sum_{n=1}^{\infty}\frac{2-3\cdot4^{n}+5\cdot6^{n}}{7^{n}}$

(3) $\displaystyle\sum_{n=1}^{\infty}\left\{\left(\frac{2}{3}\right)^{n-1}+\left(-\frac{1}{2}\right)^{n-1}\right\}$

(4) $\displaystyle\sum_{n=1}^{\infty}\left\{3\cdot\left(\frac{3}{4}\right)^{n-1}-2\cdot\left(\frac{2}{3}\right)^{n-1}\right\}$

B

Q2.9 次の極限値を求めよ． → まとめ 1.5, Q2.1

(1) $\displaystyle\lim_{n\to\infty}\frac{\sqrt{n+3}}{2n+1}$

(2) $\displaystyle\lim_{n\to\infty}\frac{\sqrt{n^{2}-1}}{n+\sqrt{5+n^{2}}}$

(3) $\displaystyle\lim_{n\to\infty}\frac{n^{2}}{1+2+3+\cdots+n}$

(4) $\displaystyle\lim_{n\to\infty}\frac{n^{3}+3}{1^{2}+2^{2}+3^{2}+\cdots+n^{2}}$

Q2.10 一般項が次の式で表される数列の収束・発散を調べ，収束するときにはその極限値を求めよ． → Q2.2, 2.4

(1) $\sqrt{n^{2}+n}-n$

(2) $\dfrac{2\cdot3^{n}}{3^{n}-2^{n}}$

(3) $2^{n}-3^{n}$

(4) $2\log_{2}n-\log_{2}(n^{2}+1)$

Q2.11 次の極限値を求めよ.   → まとめ 1.5, Q2.1

(1) $\displaystyle\lim_{n\to\infty}\frac{(n+1)+(n+2)+\cdots+(n+n)}{1+2+\cdots+n}$

(2) $\displaystyle\lim_{n\to\infty}\frac{(n+1)^2+(n+2)^2+\cdots+(2n)^2}{1^2+2^2+\cdots+n^2}$

Q2.12 等比数列 $\left\{2\cdot\left(\dfrac{3t}{4}\right)^{n-1}\right\}$ が収束するような t の値の範囲を求めよ. また, そのときの極限値を求めよ.   → まとめ 2.4, Q2.3

Q2.13 次の等比級数の収束・発散を調べ, 収束するときにはその和を求めよ.

→ まとめ 2.6, Q2.6

(1) $1+2+4+8+\cdots$

(2) $9+2.7+0.81+0.243+\cdots$

(3) $1+\dfrac{1}{\sqrt{2}}+\dfrac{1}{2}+\dfrac{1}{2\sqrt{2}}+\cdots$

(4) $1-\left(\sqrt{5}-2\right)+\left(\sqrt{5}-2\right)^2-\cdots$

Q2.14 次の級数の収束・発散を調べ, 収束するときにはその和を求めよ.

→ まとめ 2.7, Q2.6, 2.8

(1) $\displaystyle\sum_{n=1}^{\infty}\left\{\left(\frac{3}{4}\right)^n-\frac{1}{3^n}\right\}$

(2) $\displaystyle\sum_{n=1}^{\infty}\left(\frac{1}{2}\right)^n\cos\frac{n\pi}{2}$

Q2.15 次の等比級数が収束するような実数 x の値の範囲を求めよ. また, そのときの和を求めよ.   → まとめ 2.6, Q2.6

(1) $1+\dfrac{x}{3}+\dfrac{x^2}{9}+\cdots+\dfrac{x^{n-1}}{3^{n-1}}+\cdots$

(2) $x+x(1-x)+x(1-x)^2+\cdots+x(1-x)^{n-1}+\cdots$ $\quad(x\neq 0)$

(3) $x^2+\dfrac{x^2}{x^2+1}+\dfrac{x^2}{(x^2+1)^2}+\cdots+\dfrac{x^2}{(x^2+1)^{n-1}}+\cdots$ $\quad(x\neq 0)$

(4) $1+x(1-x)+x^2(1-x)^2+\cdots+x^{n-1}(1-x)^{n-1}+\cdots$

━━━━━　C　━━━━━━━━━━

Q2.16 数列 $\{a_n\}$ は収束し, 漸化式

$$a_1=2,\quad a_{n+1}=\frac{1}{2}\left(a_n+\frac{3}{a_n}\right)$$

を満たす. このとき, 次の問いに答えよ.   (類題：神戸大学)

(1) $a_n\geqq a_{n+1}$ $(n=1,2,\ldots)$ であることを示せ.

(2) 極限値 $\displaystyle\lim_{n\to\infty}a_n$ を求めよ.

Q2.17 右図において，$\angle \text{XOY} = \dfrac{\pi}{6}$ とし，OY 線上の
点 P_1 から OX 線上に垂線を下ろした点を P_2 とす
る．さらに点 P_2 から OY 線上に垂線を下ろした点
を P_3 とする．同様に順次 $\text{P}_4, \text{P}_5, \ldots$ を無限にとる
ものとする．$\text{P}_1 \text{P}_2$ の長さを a とするとき，OX 線上
と OY 線上に下ろした垂線について，次の問いに答えよ．（類題：豊橋技術科学大学）

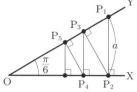

(1) 垂線 $\text{P}_2 \text{P}_3, \text{P}_3 \text{P}_4, \text{P}_4 \text{P}_5$ の長さを求めよ．

(2) OX 線上に下ろした垂線（線分）の長さの和を求めよ．

(3) OY 線上に下ろした垂線（線分）の長さの和を求めよ．

Q2.18 級数 $\displaystyle\sum_{n=1}^{\infty} \dfrac{1}{n^2 + 2n}$ の和を求めよ．（類題：豊橋技術科学大学）

Q2.19 極限値 $\displaystyle\lim_{n \to \infty} \dfrac{1}{n^3} \sum_{k=1}^{n} (k+1)^2$ を求めよ．（類題：千葉大学）

3　関数とその極限

■ まとめ

3.1 合成関数 関数 $y = f(u), u = g(x)$ が与えられていて，$u = g(x)$ の値域が
$y = f(u)$ の定義域に含まれているとき，関数 $y = f(g(x))$ を $y = f(u), u = g(x)$
の合成関数という．

3.2 逆関数 ある区間で単調増加または単調減少な関数 $y = f(x)$ では，y の値
を定めると x の値がただ 1 つ定まる．この x を $x = f^{-1}(y)$ と表し，$y = f(x)$ の
逆関数という．通常は，独立変数を x，従属変数を y とするから，x, y を交換した
$y = f^{-1}(x)$ を，$y = f(x)$ の逆関数とすることが多い．$y = f(x)$ と $y = f^{-1}(x)$
のグラフは，直線 $y = x$ に関して対称である．

3.3 逆三角関数 三角関数の逆関数を次のように定める．

名称	定義	定義域	値域
アークサイン	$y = \sin^{-1} x \Leftrightarrow x = \sin y$	$-1 \leq x \leq 1$	$-\dfrac{\pi}{2} \leq y \leq \dfrac{\pi}{2}$
アークコサイン	$y = \cos^{-1} x \Leftrightarrow x = \cos y$	$-1 \leq x \leq 1$	$0 \leq y \leq \pi$
アークタンジェント	$y = \tan^{-1} x \Leftrightarrow x = \tan y$	すべての実数	$-\dfrac{\pi}{2} < y < \dfrac{\pi}{2}$

3.4 関数の極限値　関数 $f(x)$ において，x が a とは異なる値をとりながら限りなく a に近づいていくとき，その近づき方によらずに $f(x)$ の値が限りなく一定の値 α に近づくならば，$f(x)$ は α に**収束**するといい，

$$\lim_{x \to a} f(x) = \alpha \quad \text{または} \quad f(x) \to \alpha \ (x \to a)$$

と表す．定数 α を，x が a に近づくときの $f(x)$ の**極限値**という．$x \to \infty$ や $x \to -\infty$ の場合も同様に定める．

3.5 関数の極限値の性質　$\lim_{x \to a} f(x) = \alpha, \lim_{x \to a} g(x) = \beta$ のとき，次が成り立つ．なお，$x \to a$ には，$x \to \infty$ や $x \to -\infty$ も含むものとする．(1), (2) の性質を線形性という．

(1) $\lim_{x \to a} cf(x) = c\alpha$ 　（c は定数）

(2) $\lim_{x \to a} \{f(x) \pm g(x)\} = \alpha \pm \beta$ 　（複号同順）

(3) $\lim_{x \to a} f(x)g(x) = \alpha\beta$

(4) $\lim_{x \to a} \dfrac{f(x)}{g(x)} = \dfrac{\alpha}{\beta}$ 　($g(x) \neq 0, \ \beta \neq 0$)

3.6 関数の発散　極限値 $\lim_{x \to a} f(x)$ が存在しないとき，$x \to a$ のとき $f(x)$ は**発散**するという．

$f(x)$ が発散するときは，次の場合がある．

- 正の無限大に発散する（$x \to a$ のとき $f(x) \to \infty$）．
- 負の無限大に発散する（$x \to a$ のとき $f(x) \to -\infty$）．
- 上記のいずれでもない．

3.7 片側極限　$x > a$ を満たしながら $x \to a$ となることを，$x \to a+0$ と表す．$x < a$ を満たしながら $x \to a$ となることを，$x \to a-0$ と表す．$a = 0$ のときは，それぞれ $x \to +0$, $x \to -0$ と表す．$\lim_{x \to a+0} f(x) = \alpha$, $\lim_{x \to a-0} f(x) = \beta$ であるとき，α, β をそれぞれ**右側極限値**，**左側極限値**といい，α, β をあわせて**片側極限値**という．極限値 $\lim_{x \to a} f(x)$ が存在するのは，2 つの片側極限値がともに存在して，それらが一致するときである．

3.8 閉区間と開区間　数直線上の連続した範囲を**区間**という．

(1) $a \leqq x \leqq b$ のように両端を含む区間を**閉区間**といい，$[a, b]$ と表す．

(2) $a < x < b$ のように両端を含まない区間を**開区間**といい，(a, b) と表す．

3.9 **関数の連続性** $x = a$ を含む区間で定義された関数 $y = f(x)$ が

$$\lim_{x \to a} f(x) = f(a)$$

を満たすとき，関数 $y = f(x)$ は $x = a$ で**連続**であるという．ある区間内に含まれるすべての x で連続なときは，関数 $y = f(x)$ はその区間で連続であるという．

3.10 **連続関数の性質**   連続関数の，和・差・積・商で表される関数や合成関数，ならびに逆関数は，それぞれの定義域において連続である．

A

Q3.1   次の関数は，どのような関数の合成関数となっているか．

(1) $y = (x^2 + 1)^3$

(2) $y = \dfrac{1}{2x + 1}$

(3) $y = \sin(2 - 3x)$

(4) $y = \log_{10}(x^2 + 1)$

Q3.2   2 つの関数 $f(x), g(x)$ を次のように定めるとき，合成関数 $f(g(x)), g(f(x))$ を求めよ．

(1) $f(x) = x^2 + 1, \ g(x) = \dfrac{1}{x}$

(2) $f(x) = \sqrt{x}, \ g(x) = x^2 + 1$

(3) $f(x) = 2^{-x}, \ g(x) = \dfrac{1}{x}$

(4) $f(x) = \sin x, \ g(x) = 2x + 1$

Q3.3   次の関数の逆関数を求めよ．

(1) $y = 2x + 3$

(2) $y = x^2 - 1 \quad (x \geqq 0)$

(3) $y = \dfrac{1}{x + 3}$

(4) $y = \sqrt{2 - x}$

Q3.4   次の値を求めよ．

(1) $\sin^{-1} \dfrac{\sqrt{3}}{2}$

(2) $\cos^{-1} \dfrac{1}{2}$

(3) $\tan^{-1} \sqrt{3}$

(4) $\sin^{-1} \left(-\dfrac{\sqrt{2}}{2} \right)$

(5) $\cos^{-1}(-1)$

(6) $\tan^{-1} \left(-\dfrac{1}{\sqrt{3}} \right)$

Q3.5   次の極限値を求めよ．

(1) $\displaystyle \lim_{x \to 3} \dfrac{x^2 - 2x - 3}{x - 3}$

(2) $\displaystyle \lim_{x \to \frac{1}{2}} \dfrac{2x^2 + 5x - 3}{2x - 1}$

(3) $\displaystyle \lim_{x \to -1} \dfrac{x^3 + 1}{x^2 - 1}$

(4) $\displaystyle \lim_{x \to 5} \dfrac{x^2 - 2x - 15}{2x^2 - 11x + 5}$

(5) $\displaystyle \lim_{x \to 0} \dfrac{(1 + x)^2 - 1}{x}$

(6) $\displaystyle \lim_{x \to 0} \dfrac{(1 + x)^3 - 1}{x}$

Q3.6 次の極限値を求めよ.

(1) $\displaystyle \lim_{x \to \infty} \frac{3x - 2}{2x + 1}$

(2) $\displaystyle \lim_{x \to \infty} \frac{x^2 + 3x + 1}{3x^2 - 4x + 1}$

(3) $\displaystyle \lim_{x \to \infty} \frac{2x^2 - x - 1}{x^2 + 1}$

(4) $\displaystyle \lim_{x \to \infty} \frac{3x + 1}{x^2 + 2x + 1}$

(5) $\displaystyle \lim_{x \to \infty} \left(\sqrt{x + 1} - \sqrt{x - 1} \right)$

(6) $\displaystyle \lim_{x \to \infty} \left(\sqrt{3x^2 - 2} - \sqrt{3}x \right)$

Q3.7 次の収束・発散を調べ,収束するときにはその極限値を求めよ.

(1) $\displaystyle \lim_{x \to \infty} (2x^3 - 3x^2 + 4x - 5)$

(2) $\displaystyle \lim_{x \to \infty} (6 + x - x^2)$

(3) $\displaystyle \lim_{x \to -\infty} 2^x$

(4) $\displaystyle \lim_{x \to -2} \frac{2}{(x + 2)^2}$

(5) $\displaystyle \lim_{x \to \infty} \frac{1}{1 + 2^{-x}}$

(6) $\displaystyle \lim_{x \to \infty} \sin \frac{x}{2}$

Q3.8 次の収束・発散を調べ,収束するときにはその極限値を求めよ.

(1) $\displaystyle \lim_{x \to 1+0} \frac{|x - 1|}{x - 1}$

(2) $\displaystyle \lim_{x \to 2-0} \frac{1}{x - 2}$

(3) $\displaystyle \lim_{x \to -2-0} \frac{1}{(x + 2)^2}$

(4) $\displaystyle \lim_{x \to -1} \frac{1}{|x + 1|}$

Q3.9 次の関数がすべての実数で連続になるような定数 a の値を求めよ.

(1) $f(x) = \begin{cases} \dfrac{x^3 + x}{x} & (x \neq 0) \\ a & (x = 0) \end{cases}$

(2) $f(x) = \begin{cases} \dfrac{x^2 - x - 2}{x - 2} & (x \neq 2) \\ a & (x = 2) \end{cases}$

(3) $f(x) = \begin{cases} \dfrac{x^3 + 8}{x + 2} & (x \neq -2) \\ a & (x = -2) \end{cases}$

(4) $f(x) = \begin{cases} \dfrac{x - 1}{\sqrt{x} - 1} & (x \neq 1) \\ a & (x = 1) \end{cases}$

B

Q3.10 次の関数の逆関数を求めよ.　　　　　　　　　　→ まとめ 3.2, 3.3, Q3.3

(1) $y = \tan \dfrac{x}{2} \quad (-\pi < x < \pi)$

(2) $y = \sin^{-1} 3x \quad \left(-\dfrac{1}{3} \leqq x \leqq \dfrac{1}{3} \right)$

(3) $y = \dfrac{2^x - 2^{-x}}{2}$

(4) $y = \log_2 (x - \sqrt{x^2 - 1}) \quad (x > 1)$

Q3.11 次の極限値を求めよ.　　　　　　　　　　　　　　　　　　→ Q3.5

(1) $\displaystyle \lim_{h \to 0} \frac{1}{h} \left(\sqrt{4 + h} - 2 \right)$

(2) $\displaystyle \lim_{h \to 9} \frac{\sqrt{h} - 3}{h - 9}$

(3) $\displaystyle \lim_{h \to 0} \frac{1}{h} \left\{ \frac{1}{(h + 1)^2} - 1 \right\}$

(4) $\displaystyle \lim_{h \to 0} \frac{1}{h} \left(\frac{1}{\sqrt{4 + h}} - \frac{1}{2} \right)$

Q3.12 次の極限値を求めよ. → Q3.5

(1) $\displaystyle\lim_{x \to 0} \frac{1}{x}\left(\frac{1}{x-2} + \frac{1}{x+2}\right)$　　　　(2) $\displaystyle\lim_{x \to 1} \frac{\sqrt{5x+4}-3}{x-1}$

(3) $\displaystyle\lim_{x \to 2} \frac{\sqrt{x+2}-2}{\sqrt{x+7}-3}$　　　　(4) $\displaystyle\lim_{x \to 1} \frac{1}{x^2-1}\left(\frac{1}{\sqrt{x+3}} - \frac{1}{2}\right)$

Q3.13 極限値 $\displaystyle\lim_{x \to 0} \frac{\sqrt[3]{2+x}-\sqrt[3]{2-x}}{x}$ を求めよ. → Q3.5

例題 3.1

$\displaystyle\lim_{x \to 3} \frac{x^2+ax+b}{x-3} = 2$ が成立するように, 定数 a, b の値を定めよ.

・・・・・・・・・・・・・・・・・・・・・・・・・・・・・・・・・・・・・・・

 $\displaystyle\lim_{x \to 3}(x-3) = 0$ である. したがって, 与えられた極限値が存在するためには

$$\lim_{x \to 3}(x^2+ax+b) = 0$$

でなければならないから, $9+3a+b = 0$ である. $b = -3a-9$ を代入すると,

$$\begin{aligned}
\lim_{x \to 3} \frac{x^2+ax+b}{x-3} &= \lim_{x \to 3} \frac{x^2+ax-3a-9}{x-3} \\
&= \lim_{x \to 3} \frac{(x-3)(x+3+a)}{x-3} \\
&= \lim_{x \to 3}(x+3+a) = 6+a = 2
\end{aligned}$$

となるので, $a = -4$ である. したがって, $b = -3a-9 = 3$ である.

Q3.14 次の式が成り立つように, 定数 a, b の値を定めよ.

(1) $\displaystyle\lim_{x \to 2} \frac{x^2+ax+b}{x-2} = 1$　　　　(2) $\displaystyle\lim_{x \to 3} \frac{2x^2+ax+b}{x^2-9} = 3$

- -

Q3.15 次の収束・発散を調べ, 収束するときにはその極限値を求めよ. → Q3.6, 3.7

(1) $\displaystyle\lim_{x \to \infty} \frac{\sqrt{9x^2-3x}-x}{x}$　　　　(2) $\displaystyle\lim_{x \to \infty}\left(\sqrt{9x^2+x}-3x\right)$

(3) $\displaystyle\lim_{x \to \infty} \frac{2^x}{1+2^x}$　　　　(4) $\displaystyle\lim_{x \to 0} \log_2|x|$

Q3.16 次の収束・発散を調べ，収束するときにはその極限値を求めよ．

→ まとめ 3.7, Q3.8

(1) $\displaystyle \lim_{x \to \frac{\pi}{2}+0} \frac{1}{\cos x}$　　　　(2) $\displaystyle \lim_{x \to 1+0} \frac{1}{(x-1)(x+2)}$

(3) $\displaystyle \lim_{x \to -1-0} \frac{1}{x^2-1}$　　　　(4) $\displaystyle \lim_{x \to -0} \frac{|x|}{x^2+2x}$

Q3.17 次の極限値を求めよ．

→ まとめ 3.7, Q3.8

(1) $\displaystyle \lim_{x \to +0} \frac{1}{1+2^{\frac{1}{x}}}$　　　　(2) $\displaystyle \lim_{x \to -0} \frac{1}{1+2^{\frac{1}{x}}}$

Q3.18 下図は関数 $y = f(x)$ のグラフである．(1), (2) については，その値を求めよ．(3)〜(6) については，収束・発散を調べ，収束するときにはその極限値を求めよ．

→ まとめ 3.7, Q3.8

(1) $f(-1)$　　　　(2) $f(0)$　　　　(3) $\displaystyle \lim_{x \to -1-0} f(x)$

(4) $\displaystyle \lim_{x \to -0} f(x)$　　　　(5) $\displaystyle \lim_{x \to +0} f(x)$　　　　(6) $\displaystyle \lim_{x \to 1} f(x)$

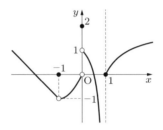

Q3.19 $f(x) = \left[\dfrac{1}{x}\right]$ とする．ただし，$[x]$ は x を超えない最大の整数を表し，**ガウスの記号**という．(1), (2) については，その値を求めよ．(3), (4) については，極限値が存在するかどうかを調べ，存在するときにはその極限値を求めよ．

→ まとめ 3.7, Q3.8

(1) $f\left(\dfrac{1}{2}\right)$　　　　(2) $f(\sqrt{2})$

(3) $\displaystyle \lim_{x \to 1+0} f(x)$　　　　(4) $\displaystyle \lim_{x \to \frac{1}{2}} f(x)$

Q3.20 次の関数が連続であるような x の値の範囲を答えよ．　→ まとめ 3.9, 3.10

(1) $y = \log_2(3-x)$　　　　(2) $y = \sqrt{4-x^2}$

(3) $y = \dfrac{x-3}{x+4}$　　　　(4) $y = \dfrac{1}{\sqrt{x(x-1)}}$

例題 3.2

　関数 $f(x)$ が閉区間 $[a,b]$ で連続で $f(a) \neq f(b)$ であれば，$f(a)$ と $f(b)$ の間の任意の値 k に対して，$f(c) = k$ $(a < c < b)$ となる c が少なくとも 1 つ存在する．これを**中間値の定理**という．

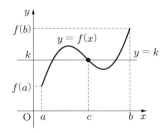

　とくに，$f(a)f(b) < 0$ であれば，$f(a)$ と $f(b)$ の間に 0 があるので，$f(c) = 0$ $(a < c < b)$ となる c が少なくとも 1 つ存在する．

　このことを利用して，方程式 $x^3 - 2x - 1 = 0$ は区間 $(1, 2)$ に少なくとも 1 つの実数解をもつことを示せ．

解　$f(x) = x^3 - 2x - 1$ とおくと，$f(x)$ は閉区間 $[1, 2]$ で連続であり，$f(1) = -2, f(2) = 3$ であるから，$f(1)f(2) < 0$ である．したがって，中間値の定理により，$f(c) = 0$ $(1 < c < 2)$ となる c が少なくとも 1 つ存在する．すなわち，与えられた方程式は区間 $(1, 2)$ に少なくとも 1 つの実数解 $x = c$ をもつ．

Q3.21　次の方程式は，指定された区間に少なくとも 1 つの実数解をもつことを示せ．

(1) $x^4 - 3x^2 + 1 = 0$, $(0, 1)$　　　　(2) $x \cos x - \sin x = 0$, $(\pi, 2\pi)$

(3) $x + \dfrac{1}{x} = 3 \log_2 x$, $(1, 2)$

2

微分法

4 微分法

■ まとめ

4.1 平均変化率

$$\frac{\Delta y}{\Delta x} = \frac{f(b) - f(a)}{b - a} = \frac{f(a+h) - f(a)}{h}$$

平均変化率は，関数 $y = f(x)$ のグラフ上の 2 点 A$(a, f(a))$，B$(b, f(b))$ を通る直線の傾きを表す．

4.2 微分係数と接線の傾き

(1) 微分係数 $f'(a) = \lim_{h \to 0} \frac{f(a+h) - f(a)}{h}$ が存在するとき，$f(x)$ は $x = a$ で微分可能であるという．

(2) 微分係数 $f'(a)$ は，曲線 $y = f(x)$ 上の点 $(a, f(a))$ における接線の傾きを表す．

4.3 微分可能と連続 関数 $f(x)$ が $x = a$ で微分可能であれば，$f(x)$ は $x = a$ で連続である．

4.4 導関数 関数 $y = f(x)$ がある区間 I 内のすべての点で微分可能であるとき，$y = f(x)$ は区間 I で微分可能であるという．そのとき，区間 I 内の点にその点における微分係数を対応させる関数を $f(x)$ の導関数といい，$f'(x)$ と表す．

$$f'(x) = \lim_{\Delta x \to 0} \frac{\Delta y}{\Delta x} = \lim_{h \to 0} \frac{f(x+h) - f(x)}{h}$$

導関数を求めることを，関数 $y = f(x)$ を x で微分するという．導関数を表す記号として，y'，$\frac{dy}{dx}$，$\frac{d}{dx} f(x)$ なども用いられる．

4.5 導関数の公式と線形性 (4) は複号同順とする．

(1) 定数 c に対して $c' = 0$ (2) 自然数 n に対して $(x^n)' = nx^{n-1}$

(3) $\{cf(x)\}' = cf'(x)$ (c は定数)   (4) $\{f(x) \pm g(x)\}' = f'(x) \pm g'(x)$

4.6 接線の方程式 微分可能な関数 $y = f(x)$ のグラフ上の点 $(a, f(a))$ における接線の方程式は，次の式で表される．

$$y = f'(a)(x - a) + f(a)$$

4.7 導関数の符号と関数の増減 関数 $f(x)$ が微分可能であるとき，

(1) ある区間でつねに $f'(x) > 0$ ならば，$f(x)$ はその区間で単調増加である．

(2) ある区間でつねに $f'(x) < 0$ ならば，$f(x)$ はその区間で単調減少である．

4.8 極大値と極小値 $x = a$ を含むある開区間で，

(1) 関数 $f(x)$ が $x = a$ で最小となるとき，$f(x)$ は $x = a$ で極小になるといい，$f(a)$ を極小値という．

(2) 関数 $f(x)$ が $x = a$ で最大となるとき，$f(x)$ は $x = a$ で極大になるといい，$f(a)$ を極大値という．

極大値と極小値をまとめて**極値**という．

4.9 極値をとるための必要条件 微分可能な関数 $f(x)$ が $x = a$ で極値をとるならば，$f'(a) = 0$ である．

4.10 最大値と最小値 閉区間で定義された関数 $y = f(x)$ の最大値と最小値は，極値をとる点やその区間の両端における値を調べることにより，求めることができる．

A

Q4.1 x が次のように変化するとき，関数 $f(x)$ の平均変化率を求めよ．

(1) $f(x) = -\dfrac{1}{3}x + 2$, $x = 1$ から $x = 2$ まで

(2) $f(x) = x^2 - x$, $x = -1$ から $x = 3$ まで

(3) $f(x) = -x^2 + x$, $x = 2$ から $x = 2 + h$ まで

(4) $f(x) = x^3$, $x = a$ から $x = b$ まで

Q4.2 次の関数 $f(x)$ の，（ ）内に指定された x の値における微分係数を求めよ．

(1) $f(x) = x^2 + 2$ $(x = 1)$ 　　(2) $f(x) = x^2 - 1$ $(x = -1)$

(3) $f(x) = x^3 - 3x$ $(x = 2)$ 　　(4) $f(x) = -x^3 + x^2$ $(x = -1)$

Q4.3 定義にしたがって，次が成り立つことを証明せよ．

(1) $(-3x + 2)' = -3$ 　　(2) $(x^2 - 3x + 2)' = 2x - 3$

(3) $\left(\dfrac{2x - 1}{3}\right)' = \dfrac{2}{3}$ 　　(4) $\left(\dfrac{x^2 - 1}{2}\right)' = x$

Q4.4 次の関数を微分せよ.

(1) $y = 2x + 5$

(2) $y = 2x^6$

(3) $y = x^2 - 5x + 3$

(4) $y = \dfrac{1}{2}x^4 - \dfrac{2}{3}x^3 + x^2$

(5) $y = \dfrac{x^2 + 3x + 2}{4}$

(6) $y = \dfrac{4x^2 - 3x}{5}$

Q4.5 次の関数を, ( ) 内に指定された変数について微分せよ.

(1) $z = 2s^2 + 3s - 1$　(s)

(2) $l = \dfrac{1}{2}(4a^2 - 6a + 2)$　(a)

(3) $v = \dfrac{1}{2}u^2 + 3u + 4$　(u)

(4) $V = \dfrac{1}{4}\pi l^2 h$　(l)

Q4.6 (1) $f(x) = 2x^2 - x + 1$ の $x = -1, 2$ における微分係数をそれぞれ求めよ.

(2) $y = 3x^3 - 7x^2 + 5x + 4$ の $x = -1, 2$ における微分係数をそれぞれ求めよ.

Q4.7 次の関数のグラフの, ( ) 内に指定された x 座標に対応する点における接線の方程式を求めよ.

(1) $y = x^2 - 4x + 5$　$(x = 3)$

(2) $y = x^3 - 5x^2 + 3x - 2$　$(x = 1)$

(3) $y = x^4 + 7x^2 - 1$　$(x = 0)$

(4) $y = -x^3 + 2x^2 - 3$　$(x = 2)$

Q4.8 次の関数の増減表を作り, 極値を求めよ. また, そのグラフをかけ.

(1) $y = x^3 - 3x^2 + 3$

(2) $y = -x^3 + 3x + 1$

(3) $y = x^4 - 2x^2 + 1$

(4) $y = -\dfrac{3}{4}x^4 + 4x^3 - 6x^2$

Q4.9 次の関数 $f(x)$ の, 指定された定義域における最大値と最小値を求めよ.

(1) $f(x) = -2x^2 + 8x + 7$　$(-1 \leq x \leq 3)$

(2) $f(x) = x^3 - 3x^2 - 9x - 1$　$(-2 \leq x \leq 4)$

(3) $f(x) = -2x^3 + 6x^2 + 2$　$(-1 \leq x \leq 1)$

(4) $f(x) = x^4 - x^2$　$(0 \leq x \leq 2)$

Q4.10 次の問いに答えよ.

(1) 2 辺の長さがそれぞれ 10, 16 の長方形の金属板の四隅から, 右図のように同じ大きさの正方形を切り取り, 残りの部分を折り曲げて箱を作る. 切り取る正方形の 1 辺の長さを x, 箱の容積を V とするとき, V の最大値とそのときの x の値を求めよ.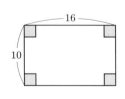

(2) 高さと底面の半径との和が 15 cm の直円柱の半径を r, 体積を V とするとき, 体積の最大値とそのときの半径を求めよ.

━━━ **B** ━━━

Q4.11 定義にしたがって，次の関数の導関数を求めよ．ただし，a, b, c は定数とする．

→ まとめ 4.4, Q4.3

(1) $f(x) = ax + b$　　　　　　　　(2) $f(x) = ax^2 + bx + c$

Q4.12 次の式で，左辺は（　）内を変数とする関数である．この関数を微分せよ．

→ Q4.5

(1) $V = \dfrac{1}{3}\pi r^2 h$　(r)　　　　　(2) $y = h + v_0 t - \dfrac{1}{2}gt^2$　(t)

(3) $W = \dfrac{2uv}{u^2 + u + 1}$　(v)　　　(4) $V = \dfrac{2(p^2 - q^2)}{\sqrt{r}}$　$(r > 0)$　(q)

例題 4.1

関数 $f(x)$ が $x = a$ で微分可能であるとき，極限値 $\displaystyle\lim_{h \to 0} \dfrac{f(a-h) - f(a)}{h}$ を $f'(a)$ を用いて表せ．

解 $f'(a) = \displaystyle\lim_{h \to 0} \dfrac{f(a+h) - f(a)}{h}$ であるので，与えられた極限値は次のように表される．

$$\lim_{h \to 0} \frac{f(a-h) - f(a)}{h} = \lim_{h \to 0} \frac{f(a+(-h)) - f(a)}{-h} \cdot (-1) = -f'(a)$$

Q4.13 関数 $f(x)$ が $x = a$ で微分可能であるとき，次の極限値を $f'(a)$ を用いて表せ．

(1) $\displaystyle\lim_{h \to 0} \dfrac{f(a+3h) - f(a)}{h}$　　　(2) $\displaystyle\lim_{h \to 0} \dfrac{f(a+h) - f(a-h)}{h}$

例題 4.2

関数 $f(x) = \sqrt[3]{x^2}$ は，$x = 0$ で微分可能であるかどうかを調べよ．

解 $x = 0$ における微分係数 $f'(0) = \displaystyle\lim_{h \to 0} \dfrac{f(h) - f(0)}{h}$ が存在するかどうかを調べる．$h = \left(\sqrt[3]{h}\right)^3$ であることに注意すると，

$$f'(0) = \lim_{h \to 0} \frac{f(h) - f(0)}{h} = \lim_{h \to 0} \frac{\sqrt[3]{h^2} - 0}{h} = \lim_{h \to 0} \frac{1}{\sqrt[3]{h}}$$

となる．ここで，

$$\lim_{h \to +0} \frac{1}{\sqrt[3]{h}} = \infty, \quad \lim_{h \to -0} \frac{1}{\sqrt[3]{h}} = -\infty$$

であるから，$f'(0)$ は存在しない．よって，$f(x) = \sqrt[3]{x^2}$ は $x = 0$ で微分可能ではない．

Q4.14 次の関数は，$x = 0$ で微分可能であるかどうかを調べよ．
(1) $f(x) = \sqrt[3]{x}$ 　　　　　　　　(2) $f(x) = x|x|$

Q4.15 関数 $f(x) = |x^2(x-2)|$ は，$x = 2$ で微分可能ではないことを示せ．

Q4.16 関数 $f(x)$ が

$$f(x) = \begin{cases} x^2 + 6x - 1 & (x \le 1) \\ ax^2 + b & (x > 1) \end{cases}$$

により定義されるとき，次の問いに答えよ．　　　　　　　→ **まとめ** 3.9, 4.2
(1) この関数が $x = 1$ で連続であるために定数 a, b が満たすべき条件を求めよ．
(2) この関数が $x = 1$ で微分可能であるために定数 a, b が満たすべき条件を求めよ．

例題 4.3

点 $(1, -11)$ から曲線 $y = x^2 - 3x$ に引いた接線の方程式を求めよ．

解 接点の x 座標を a とすると，y 座標は $y = a^2 - 3a$ である．また，$y' = 2x - 3$ であるから，接点での接線の傾きは $y'|_{x=a} = 2a - 3$ である．したがって，求める接線の方程式は，

$$y = (2a - 3)(x - a) + (a^2 - 3a)$$

である．この直線が点 $(1, -11)$ を通るので，

$$-11 = (2a - 3)(1 - a) + (a^2 - 3a)$$

が成り立つ．整理して $a^2 - 2a - 8 = 0$ が得られるので，これを解いて，$a = -2, 4$ である．したがって，求める接線の方程式は，$y = -7x - 4, y = 5x - 16$ である．

Q4.17 曲線 $y = -x^2 + 3x - 1$ の接線について，次の問いに答えよ．
(1) 傾きが 7 となる接線の方程式を求めよ．
(2) x 軸と平行な接線の方程式を求めよ．
(3) 原点を通る接線の方程式と接点の座標を求めよ．

Q4.18 曲線 $y = \dfrac{x^2}{4}$ について，次の問いに答えよ．

(1) この曲線上の点 P の x 座標を t とするとき，点 P における接線の方程式を求めよ．

(2) 点 A$(0, -1)$ からこの曲線に引いた接線は 2 本存在し，それらは互いに直交していることを証明せよ．

- -

Q4.19 次の関数の増減表を作り，極値を求めよ．また，そのグラフをかけ．　→ Q4.8

(1) $y = -2x^3 - 6x^2 - 6x - 1$

(2) $y = x^4 - 4x^3 - 2x^2 + 12x - 2$

(3) $y = -x^4 + 2x^3 - 3x^2 + 4x - 1$

(4) $y = \dfrac{x^5}{5} - x^3$

Q4.20 次の問いに答えよ．　→ Q4.9, 4.10

(1) 周囲の長さが $60\,\mathrm{cm}$ の扇形を作る．扇形の面積を最大にするには，半径と中心角をどのように定めればよいか．

(2) 底面が正方形の直方体を作り，縦，横，高さの 3 辺の長さの合計が $120\,\mathrm{cm}$ であるようにする．このとき，直方体の体積を最大にするには，底面の正方形の 1 辺の長さをどのように定めればよいか．

Q4.21 放物線 $y = a^2 - x^2$ と x 軸で囲まれた部分に内接する長方形 ABCD の面積の最大値を求めよ．ただし，辺 AB は右図のように x 軸上にあるものとし，$a > 0$ とする．

→ Q4.9, 4.10

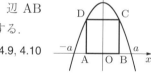

Q4.22 点 A$(6, 3)$ と放物線 $y = x^2$ 上の点 P との距離 AP の最小値と，そのときの点 P の座標を求めよ．

→ Q4.9, 4.10

Q4.23 3 次関数 $y = ax^3 + bx^2 + cx + d$ のグラフが右図のようになるとき，定数 a, b, c, d の値を求めよ．　→ まとめ 4.9

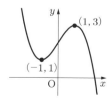

Q4.24 3次関数 $y = ax^3 + bx^2 + cx + d$ のグラフは，$a > 0$ のとき下図のいずれか
のタイプになることを証明せよ． → **まとめ 4.8, 4.9**

極大値・極小値がある　　　　$y' = 0$ となる点が1つだけある　　　つねに $y' > 0$ である

Q4.25 関数 $y = x^3 + ax^2 + bx + c$ が，$x = -1$ のとき極大値 7 をとり，$x = 3$ の
とき極小値をとるように定数 a, b, c の値を定めよ．また，そのときの極小値を求
めよ． → **まとめ 4.9**

Q4.26 関数 $y = x^3 + kx^2 + kx + 1$ が，極大値も極小値もとらないような定数 k の
値の範囲を定めよ． → **まとめ 4.9**

====== C ======

Q4.27 関数 $f(x)$ は全区間で微分可能であるとする．

$$g_1(x) = \frac{f(x) + f(-x)}{2}, \quad g_2(x) = \frac{f(x) - f(-x)}{2}$$

とおくとき，次のことを示せ．なお，関数 $g(x)$ は，任意の x に対して $g(-x) = g(x)$
であれば偶関数，$g(-x) = -g(x)$ であれば奇関数という． （類題：京都大学）

(1) $g_1(x)$ は偶関数，$g_2(x)$ は奇関数であることを証明せよ．

(2) $g_1'(x)$ は奇関数，$g_2'(x)$ は偶関数であることを証明せよ．

Q4.28 関数 $f(x) = x^3 - 4x^2 + 4x$ について，次の各問いに答えよ．

（類題：豊橋技術科学大学）

(1) 曲線 $C : y = f(x)$ の概形をかけ．ただし，x 軸との共有点や曲線 C の極大
点や極小点を明示すること．

(2) 曲線 C は原点を通る．原点における接線を ℓ とするとき，直線 ℓ がこの曲線
と交わる，原点とは異なる交点の座標を求めよ．

(3) 曲線 C は，原点とは異なる点でも直線 ℓ と平行な接線をもつ．その点の x 座
標を求めよ．

5 いろいろな関数の導関数

5.1 分数関数と無理関数の導関数

$$\left(\frac{1}{x}\right)' = -\frac{1}{x^2}, \quad (\sqrt{x})' = \frac{1}{2\sqrt{x}}$$

5.2 関数の積と商の導関数

関数 $f(x), g(x)$ が微分可能であれば，その積や商も微分可能で，その導関数は次のようになる．ただし，(2) では $g(x) \neq 0$ とする．

(1) $\{f(x)g(x)\}' = f'(x)g(x) + f(x)g'(x)$

(2) $\left\{\dfrac{f(x)}{g(x)}\right\}' = \dfrac{f'(x)g(x) - f(x)g'(x)}{\{g(x)\}^2}$, とくに $\left\{\dfrac{1}{g(x)}\right\}' = -\dfrac{g'(x)}{\{g(x)\}^2}$

5.3 合成関数の微分法

関数 $y = f(u), u = g(x)$ が微分可能であれば，その合成関数 $y = f(g(x))$ も微分可能で，次のことが成り立つ．

$$\frac{dy}{dx} = \frac{dy}{du}\frac{du}{dx} \quad \text{または} \quad \{f(g(x))\}' = f'(g(x))g'(x)$$

5.4 逆関数の微分法

関数 $y = f(x)$ の逆関数 $x = f^{-1}(y)$ が微分可能であるとき，もとの関数 $y = f(x)$ も微分可能で，次の式が成り立つ．

$$\frac{dy}{dx} = \frac{1}{\dfrac{dx}{dy}}$$

5.5 自然対数の底 e

$$e = \lim_{t \to \pm\infty} \left(1 + \frac{1}{t}\right)^t = 2.71828\cdots$$

5.6 対数関数の導関数

$a > 0, a \neq 1$ とする．

$$(\log|x|)' = \frac{1}{x}, \quad (\log_a|x|)' = \frac{1}{x\log a}, \quad \{\log|f(x)|\}' = \frac{f'(x)}{f(x)}$$

5.7 x^α の導関数

任意の実数 α に対して，

$$(x^\alpha)' = \alpha x^{\alpha-1} \quad (x > 0)$$

5.8 指数関数の導関数

$$(e^x)' = e^x, \quad (a^x)' = a^x \log a \quad (a > 0, a \neq 1)$$

5.9　正弦関数の極限値

$$\lim_{\theta \to 0} \frac{\sin \theta}{\theta} = 1$$

5.10　三角関数の導関数

$$(\sin x)' = \cos x, \quad (\cos x)' = -\sin x, \quad (\tan x)' = \frac{1}{\cos^2 x}$$

5.11　逆三角関数の導関数

$$(\sin^{-1} x)' = \frac{1}{\sqrt{1 - x^2}}, \quad (\cos^{-1} x)' = -\frac{1}{\sqrt{1 - x^2}}, \quad (\tan^{-1} x)' = \frac{1}{x^2 + 1}$$

5.12　双曲線関数

$$\sinh x = \frac{e^x - e^{-x}}{2}, \quad \cosh x = \frac{e^x + e^{-x}}{2}, \quad \tanh x = \frac{e^x - e^{-x}}{e^x + e^{-x}}$$

A

Q5.1　次の関数を微分せよ.

(1) $y = 2x^3 + \dfrac{3}{2x}$

(2) $y = \dfrac{x}{2} + \dfrac{3}{4x}$

(3) $y = x^3 + 4\sqrt{x}$

(4) $y = \dfrac{1}{2x} - 2\sqrt{x}$

Q5.2　次の関数を微分せよ.

(1) $y = (3x - 4)(x^2 + x + 1)$

(2) $y = (x^2 - 2)(x^3 + x)$

(3) $y = (x^2 + 1)\sqrt{x}$

(4) $y = (\sqrt{x} + 1)(2\sqrt{x} - 1)$

Q5.3　次の関数を微分せよ.

(1) $y = \dfrac{1}{x + 3}$

(2) $y = \dfrac{3}{4 - x}$

(3) $y = -\dfrac{5}{x^2 + 7}$

(4) $y = \dfrac{2x + 3}{x + 1}$

(5) $y = \dfrac{x + 1}{x^2 + 1}$

(6) $y = \dfrac{3x - 1}{x^2 + 2x}$

Q5.4　次の関数を微分せよ.

(1) $y = -\dfrac{3}{2x^2}$

(2) $y = \dfrac{1}{x} - \dfrac{3}{x^2}$

(3) $y = 2x^3 + \dfrac{3}{x^4}$

(4) $y = \dfrac{x}{2} + \dfrac{3}{4x} + \dfrac{5}{6x^2}$

Q5.5　次の関数を微分せよ.

(1) $y = (2x + 3)^4$

(2) $y = \dfrac{(2x - 1)^3}{3}$

(3) $y = \sqrt{x^2 + 4x + 5}$

(4) $y = -\dfrac{1}{4}\sqrt{x^2 + 1}$

Q5.6 次の関数を微分せよ.

(1) $y = \sqrt[3]{x^2}$

(2) $y = 6x\sqrt[3]{x^2}$

(3) $y = (2x - 3)\sqrt{x}$

(4) $y = \dfrac{3x + 2}{\sqrt{x}}$

(5) $y = \dfrac{1}{2\sqrt[3]{x^2 + 1}}$

(6) $y = \dfrac{2x}{\sqrt{x + 1}}$

Q5.7 次の関数を微分せよ.

(1) $y = \log(2x + 1)$

(2) $y = \log|3x^2 - 1|$

(3) $y = x\log(5x + 3)$

(4) $y = \sqrt{x}\log|2x - 1|$

(5) $y = \dfrac{\log x}{x^2}$

(6) $y = \dfrac{1}{\log x + 1}$

(7) $y = (1 + \log x)^2$

(8) $y = \log\sqrt{x^2 + 1}$

Q5.8 次の関数を微分せよ.

(1) $y = e^{2x - 3}$

(2) $y = e^{-\frac{x^2}{2}}$

(3) $y = (e^{-x} + 2)^3$

(4) $y = \sqrt{e^x + e^{-x}}$

(5) $y = xe^{1 - x}$

(6) $y = \dfrac{e^{2x}}{e^{2x} + 1}$

(7) $y = \log(1 + e^{2x})$

(8) $y = \log\left|\dfrac{e^x - e^{-x}}{e^x + e^{-x}}\right|$

Q5.9 次の関数を微分せよ.

(1) $y = 2^x$

(2) $y = \left(\dfrac{1}{5}\right)^x$

Q5.10 次の関数を微分せよ.

(1) $y = 4\sin 5x$

(2) $y = \dfrac{1}{2}\tan 2x$

(3) $y = x\cos\dfrac{x}{3}$

(4) $y = (1 + \tan x)^2$

(5) $y = \dfrac{1 - \cos x}{1 + \cos x}$

(6) $y = \cos^3 4x$

(7) $y = \log(1 + \sin 2x)$

(8) $y = \sqrt{1 + \cos 2x}$

(9) $y = e^{-x}\sin 3x$

Q5.11 次の関数を微分せよ.

(1) $y = \sin^{-1} 3x$

(2) $y = \cos^{-1}\dfrac{x}{2}$

(3) $y = \tan^{-1} 2x$

(4) $y = \tan^{-1}\dfrac{x}{4}$

(5) $y = \sin^{-1}\dfrac{1}{x}$ $(x > 1)$

(6) $y = (\sin^{-1} x)^2$

(7) $y = x^2\tan^{-1}\dfrac{x}{2}$

(8) $y = \dfrac{\tan^{-1} x}{x}$

======== B ========

Q5.12 定義にしたがって，次の関数を微分せよ．ただし，a, b は定数とし，$a \neq 0$
とする． → まとめ 4.4

(1) $y = \dfrac{1}{ax + b}$ 　　　　　　　　　　(2) $y = \sqrt{ax + b}$

Q5.13 微分可能な関数 $f(x)$ に対して，関数 $g(x)$ を次のような関数とする．
$f(2) = 1$, $f'(2) = -3$ であるとき，$g'(2)$ を求めよ． → まとめ 5.2, 5.3

(1) $g(x) = (x^2 + 1)f(x)$ 　　　　　(2) $g(x) = (f(x) + 1)^3$

Q5.14 次の関数を微分せよ． → Q5.1〜5.6

(1) $y = x^2(3x - 2)^4$ 　　　　　(2) $y = (2x + 1)^2(3x + 2)^3$

(3) $y = \dfrac{x}{(3x - 2)^2}$ 　　　　　(4) $y = \dfrac{(3x + 2)^3}{(2x + 1)^2}$

(5) $y = x\sqrt{4x + 3}$ 　　　　　(6) $y = (\sqrt{x} + 1)^3$

(7) $y = \dfrac{\sqrt{x}}{\sqrt{x} + 1}$ 　　　　　(8) $y = \left(\dfrac{\sqrt{x} - 1}{\sqrt{x} + 1}\right)^2$

(9) $y = \sqrt{\dfrac{2x - 1}{2x + 1}}$

Q5.15 次の関数を微分せよ． → Q5.3〜5.6

(1) $y = \dfrac{1}{(3x - 2)^2}$ 　　　　　(2) $y = \dfrac{1}{(x^2 + 2x + 3)^4}$

(3) $y = \sqrt{x^2 + 4x + 1}$ 　　　　　(4) $y = \dfrac{1}{\sqrt{x^2 + 1}}$

(5) $y = \sqrt[3]{(2x - 3)^2}$ 　　　　　(6) $y = \dfrac{4}{\sqrt[4]{4 - x^2}}$

Q5.16 次の関数を微分せよ． → Q5.7〜5.11

(1) $y = \log|\log x|$ 　　　　　(2) $y = \log\left|\tan\dfrac{x}{2}\right|$

(3) $y = e^{\cos 2x}$ 　　　　　(4) $y = \dfrac{e^x - e^{-x}}{e^x + e^{-x}}$

(5) $y = \sin^2 x \cos^3 x$ 　　　　　(6) $y = e^{2x}\cos 3x$

(7) $y = \dfrac{\sin x}{1 + \cos x}$ 　　　　　(8) $y = \dfrac{\sin x - \cos x}{\sin x + \cos x}$

(9) $y = \sin^{-1}(\cos x)$ 　$(0 < x < \pi)$ 　　(10) $y = \tan^{-1}\sqrt{\dfrac{x - 1}{2 - x}}$

例題 5.1

対数微分法を利用して，$y = x^x \ (x > 0)$ を微分せよ.

解　両辺の対数をとると，$\log y = \log x^x = x \log x$ である. 両辺を x で微分すると，

$$\frac{y'}{y} = x' \log x + x(\log x)' = \log x + 1$$

となるので，求める導関数は次のように表される.

$$y' = y(\log x + 1) = x^x(\log x + 1)$$

Q5.17　対数微分法を利用して，次の関数を微分せよ.

(1) $y = \left(\dfrac{1}{x}\right)^x \quad (x > 0)$ 　　　　 (2) $y = x^{\sqrt{x}} \quad (x > 0)$

(3) $y = \dfrac{(x-1)^2}{(2x+1)^3} \quad (x > 1)$ 　　 (4) $y = (\cos x)^x \quad \left(0 < x < \dfrac{\pi}{2}\right)$

Q5.18　次の関数を微分せよ.　　　　　　　　　　　　→ **まとめ** 5.2, 5.11, Q5.11

(1) $y = \tan^{-1} \dfrac{a+x}{1-ax}$ 　　　　　 (2) $y = \cos^{-1} \dfrac{1-x^2}{1+x^2} \quad (x > 0)$

(3) $y = x\sqrt{a^2 - x^2} + a^2 \sin^{-1} \dfrac{x}{a} \quad (a > 0, \ x > 0)$

Q5.19　次の関数を微分せよ.　　　　　　　　　　　　　　→ Q5.2〜5.11

(1) $y = \log \sqrt[3]{\dfrac{x}{3x+5}} \quad (x > 0)$

(2) $y = \dfrac{1-2x}{x(x-1)} + \log\left(\dfrac{x}{x-1}\right)^2 \quad (x > 1)$

(3) $y = \dfrac{x}{\sqrt{a^2 - x^2}} - \sin^{-1} \dfrac{x}{a} \quad (a > 0)$

(4) $y = x \tan^{-1} x - \log \sqrt{1 + x^2}$

例題 5.2

$\displaystyle\lim_{t \to \pm\infty} \left(1 + \dfrac{1}{t}\right)^t = e$ を利用して，極限値 $\displaystyle\lim_{x \to \infty} \left(1 - \dfrac{1}{2x}\right)^x$ を求めよ.

解　$\displaystyle\lim_{x \to \infty} \left(1 - \dfrac{1}{2x}\right)^x = \lim_{x \to \infty} \left\{\left(1 + \dfrac{1}{-2x}\right)^{-2x}\right\}^{-\frac{1}{2}}$

$$= e^{-\frac{1}{2}} = \frac{1}{\sqrt{e}}$$

なお，$\displaystyle\lim_{t\to\pm\infty}\left(1+\frac{1}{t}\right)^t=e$ において $\dfrac{1}{t}=h$ とおくと，$\displaystyle\lim_{h\to0}(1+h)^{\frac{1}{h}}=e$ も成り立つ.

Q5.20 次の極限値を求めよ.

(1) $\displaystyle\lim_{x\to\infty}\left(1+\frac{1}{2x}\right)^x$

(2) $\displaystyle\lim_{x\to\infty}\left(1-\frac{3}{x}\right)^x$

(3) $\displaystyle\lim_{h\to0}(1+3h)^{\frac{1}{h}}$

(4) $\displaystyle\lim_{h\to0}(1-h)^{\frac{1}{2h}}$

Q5.21 関数 $f(x)=e^x$ については $f'(x)=e^x$ であるので，$f'(0)=e^0=1$ である. 一方，$x=0$ における微分係数の定義から

$$f'(0)=\lim_{h\to0}\frac{f(h)-f(0)}{h}=\lim_{h\to0}\frac{e^h-1}{h}$$

である. したがって，次の式が成り立つ.

$$\lim_{h\to0}\frac{e^h-1}{h}=1$$

このことを利用して，次の極限値を求めよ.

(1) $\displaystyle\lim_{h\to0}\frac{e^{2h}-1}{h}$

(2) $\displaystyle\lim_{h\to0}\frac{e^{2h}-1}{3h}$

(3) $\displaystyle\lim_{h\to0}\frac{e^{-h}-1}{h}$

例題 5.3

$\displaystyle\lim_{\theta\to0}\frac{\sin\theta}{\theta}=1$ を利用して，次の問いに答えよ.

(1) 極限値 $\displaystyle\lim_{\theta\to0}\frac{\sin3\theta}{2\theta}$ を求めよ.

(2) $\displaystyle\lim_{\theta\to0}\frac{\tan\theta}{\theta}=1$ を示せ.

- -

解 (1) $\displaystyle\lim_{\theta\to0}\frac{\sin3\theta}{2\theta}=\lim_{\theta\to0}\frac{\sin3\theta}{3\theta}\cdot\frac{3}{2}=1\cdot\frac{3}{2}=\frac{3}{2}$

(2) $\displaystyle\lim_{\theta\to0}\frac{\tan\theta}{\theta}=\lim_{\theta\to0}\frac{1}{\theta}\cdot\frac{\sin\theta}{\cos\theta}=\lim_{\theta\to0}\frac{\sin\theta}{\theta}\cdot\cos\theta=1\cdot1=1$

Q5.22 次の極限値を求めよ.

(1) $\displaystyle\lim_{\theta\to0}\frac{\sin4\theta}{3\theta}$

(2) $\displaystyle\lim_{\theta\to0}\frac{4\theta}{\sin5\theta}$

(3) $\displaystyle\lim_{\theta\to0}\frac{\sin4\theta}{\sin2\theta}$

(4) $\displaystyle\lim_{\theta\to0}\frac{\tan3\theta}{4\theta}$

(5) $\displaystyle\lim_{\theta\to0}\frac{\tan2\theta}{\sin4\theta}$

(6) $\displaystyle\lim_{\theta\to0}\frac{1-\cos2\theta}{\theta^2}$

Q5.23 次の極限値を求めよ.

(1) $\displaystyle\lim_{x \to \frac{\pi}{2}} \frac{\sin x - 1}{\left(x - \dfrac{\pi}{2}\right)^2}$

(2) $\displaystyle\lim_{x \to 0} \frac{\sin^{-1} x}{x}$

(3) $\displaystyle\lim_{x \to 0} \frac{\sin^2 3x}{x \sin 2x}$

(4) $\displaystyle\lim_{x \to 0} \frac{x}{\sin x - \sin 2x}$

Q5.24 一般に, $x = a$ を含む区間でつねに $g(x) < f(x) < h(x)$ が成り立ち, $x \to a$ のとき $g(x) \to \alpha$, $h(x) \to \alpha$ であれば, $\displaystyle\lim_{x \to a} f(x) = \alpha$ である. これを**はさみうちの原理**という. $-1 \leqq \cos \dfrac{x}{2} \leqq 1$ であることを利用して, 極限値 $\displaystyle\lim_{x \to \infty} \frac{1}{x} \cos \frac{x}{2}$ を求めよ.

Q5.25 関数 $y = f(x)$ の逆関数 $x = f^{-1}(y)$ が次の式で与えられるとき, $y = f(x)$ の導関数 $\dfrac{dy}{dx}$ を求めよ.　　　　　　　　　　→ まとめ 5.4

(1) $x = \log(y^2 + y + 1) \quad (y > 0)$

(2) $x = ye^{-\frac{y^2}{2}} \quad (-1 < y < 1)$

Q5.26 次の関数について, $x = 0$ における連続性と, $x = 0$ における微分可能性について調べよ.　　　　　　　　　　→ まとめ 3.9, 4.2, Q5.24

(1) $f(x) = \begin{cases} x \sin \dfrac{1}{x} & (x \neq 0) \\ 0 & (x = 0) \end{cases}$

(2) $f(x) = \begin{cases} x^2 \sin \dfrac{1}{x} & (x \neq 0) \\ 0 & (x = 0) \end{cases}$

Q5.27 双曲線関数について, 次が成り立つことを証明せよ.　　　→ まとめ 5.12

(1) $\sinh(x + y) = \sinh x \cosh y + \cosh x \sinh y$

(2) $\cosh(x + y) = \cosh x \cosh y + \sinh x \sinh y$

C

Q5.28 次の極限値を求めよ.

(1) $\displaystyle\lim_{x \to 0} \frac{\cos 4x - \cos 2x}{x \sin 2x}$ 　　　　　　　　　（類題：横浜国立大学）

(2) $\displaystyle\lim_{x \to 0} \frac{\sin x^2}{e^{x^2} - 1}$ 　　　　　　　　　（類題：名古屋大学）

Q5.29 次の関数を微分せよ.

(1) $y = e^{-\cos \frac{1}{x}}$ 　　　　　　　　　（類題：豊橋技術科学大学）

(2) $y = \sin\left(\cos^{-1} \dfrac{x}{\sqrt{x^2 + 1}}\right)$ 　　　　　　　　　（類題：東北大学）

Q5.30　次の関数を微分せよ.　（類題：富山大学）

(1) $y = (\sin x)^x \quad (0 < x < \pi)$　　　　(2) $y = (\log x)^{-x} \quad (x > e)$

Q5.31　$x = \dfrac{y^2 - 2}{y^2 + 2}$ のとき，$\dfrac{dy}{dx}$ を求めよ.　（類題：九州大学）

6　微分法の応用

まとめ

6.1　平均値の定理　関数 $f(x)$ が閉区間 $[a,b]$ で連続，開区間 (a,b) で微分可能であるとする. このとき，

$$\frac{f(b) - f(a)}{b - a} = f'(c) \quad (a < c < b)$$

を満たす c が少なくとも 1 つ存在する.

6.2　第 2 次導関数　微分可能な関数 $y = f(x)$ の導関数 $f'(x)$ が，さらに微分可能なとき，$f(x)$ は **2 回微分可能**であるという. このとき，$f'(x)$ の導関数を $y = f(x)$ の**第 2 次導関数**といい，次の記号で表す.

$$y'', \quad f''(x), \quad \frac{d^2 y}{dx^2}, \quad \frac{d^2 f}{dx^2}, \quad \frac{d^2}{dx^2} f(x)$$

6.3　関数の凹凸　微分可能な関数は，ある区間でグラフの接線の傾きが増加しているとき**下に凸**，接線の傾きが減少しているとき**上に凸**であるという.

6.4　第 2 次導関数の符号と関数の凹凸　関数 $f(x)$ が 2 回微分可能であるとき，
(1) ある区間でつねに $f''(x) > 0$ ならば，$f(x)$ はその区間で下に凸である.
(2) ある区間でつねに $f''(x) < 0$ ならば，$f(x)$ はその区間で上に凸である.

6.5　変曲点　関数 $y = f(x)$ が 2 回微分可能で，$x = a$ の前後で $f''(x)$ の符号が変わるとき，点 $(a, f(a))$ を $y = f(x)$ の**変曲点**という. 点 $(a, f(a))$ が変曲点ならば，$f''(a) = 0$ である.

6.6　微分と近似　関数 $y = f(x)$ のグラフ上の点における接線の方程式において，その点からの x の変化量を dx，接線に沿った y の変化量を dy で表すと，$dy = f'(x)dx$ が成り立つ. これを $y = f(x)$ の**微分**という. dx が小さいとき，$y = f(x)$ の実際の変化量を Δy とすると，$\Delta y \fallingdotseq dy = f'(x)dx$ である.

6.7 速度と加速度 数直線上を運動している点 P の時刻 t における位置を $x = x(t)$ とすると，点 P の速度 $v(t)$ と加速度 $\alpha(t)$ は，次の式で与えられる．

$$v(t) = \frac{dx}{dt} = x'(t), \quad \alpha(t) = \frac{dv}{dt} = \frac{d^2x}{dt^2} = x''(t)$$

A

Q6.1 次の関数の増減を調べてグラフをかけ．

(1) $y = \dfrac{1}{x^2 + 4}$ (2) $y = x\sqrt{3-x}$

(3) $y = (x+1)e^{-x} \quad (-2 \leq x \leq 2)$ (4) $y = \dfrac{\log x}{x} \quad (0 < x \leq e^2)$

Q6.2 次の関数の最大値と最小値を求めよ．

(1) $y = x - 2\sqrt{x} \quad (0 \leq x \leq 4)$ (2) $y = \dfrac{2x}{x^2+1} \quad (0 \leq x \leq 4)$

(3) $y = (x-2)e^x \quad (-1 \leq x \leq 2)$ (4) $y = x^2 + \dfrac{2}{x} \quad (0 < x \leq 2)$

Q6.3 次の関数の第 2 次導関数を求めよ．

(1) $y = 3x^2 + 4x - 1$ (2) $y = (2x^2 + 1)^4$

(3) $y = x^2(2x-1)^2$ (4) $y = \cos^2 x$

(5) $y = xe^{-x}$ (6) $y = (\log x)^2$

Q6.4 次の関数の増減と凹凸を調べてグラフをかけ．また，極値と変曲点を求めよ．

(1) $y = x^3 - 3x + 1$ (2) $y = x^4 - 4x^3 + 3$

(3) $y = \dfrac{1-x^2}{1+x^2}$ (4) $y = \dfrac{1}{1+e^{-x}}$

Q6.5 次の関数の微分 dy を求めよ．

(1) $y = x^3$ (2) $y = \dfrac{1}{x}$ (3) $y = \sqrt{x}$

(4) $y = \log x$ (5) $y = \sin x$ (6) $y = \tan^{-1} x$

Q6.6 次の関数で，x の値が 1 から 0.02 だけ増加する．このとき，次の関数の変化量 Δy を微分を用いて近似し，$x = 1.02$ のときの y の近似値を小数第 2 位まで求めよ．

(1) $y = x^3 - 2x^2 + 3x - 5$ (2) $y = \dfrac{1}{x^2+1}$

(3) $y = e^{1-x}$ (4) $y = \log x$

Q6.7 半径 r の球の表面積を S とすると，$S = 4\pi r^2$ である．次の問いに答えよ．

(1) 半径が $r = 10\,[\text{cm}]$ から $dr = 0.05\,[\text{cm}]$ だけ増加すると，球の表面積の増加量 ΔS はおよそどれだけになるか，微分を用いて計算せよ．円周率は 3.14 とし，四捨五入して小数第 2 位まで求めよ．

(2) 半径が 1% 増加すると，球の表面積はおよそ何 % 増加するか．

Q6.8 原点 O から出発して数直線上を運動する点 P の，t 秒後の位置が

$$x(t) = -\frac{t^3}{6} + \frac{t^2}{4} + 3t$$

で表されるとき，次の問いに答えよ．

(1) t 秒後の速度 $v(t)$ と加速度 $\alpha(t)$ を求めよ．

(2) 出発して 2 秒後の速度を求めよ．

(3) 点 P が最初に向きを変えるのは，出発してから何秒後か．また，そのときの位置を求めよ．

(4) 加速度が 0 以上であるのは，出発してから何秒後までか．

Q6.9 静かな池の水面に石を投げて，波が円状に広がっていく様子を考える．波の先端部の円の半径 r が増加する速さを $1.2\,\text{m/s}$ とするとき，石を投げてから 10 秒後の円の面積 S が増加する速度を求めよ．ただし，円周率を 3.14 とし，四捨五入して小数第 1 位まで求めよ．

B

例題 6.1

　曲線 $y = f(x)$ 上の点 $\mathrm{P}(a, f(a))$ を通り，この点における接線に垂直な直線を**法線**という．接線の傾きは $f'(a)$ であるので，2 直線の垂直条件から，$f'(a) \neq 0$ のとき法線の傾きは $-\dfrac{1}{f'(a)}$ である．したがって，法線の方程式は次の式で表される．

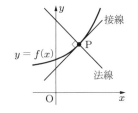

$$(\text{法線})\quad y = -\frac{1}{f'(a)}(x - a) + f(a) \qquad (f'(a) \neq 0 \text{ とする})$$

　曲線 $y = \sqrt{x + 3}$ 上の $x = 1$ に対応する点における，接線と法線の方程式を求めよ．

解 $y' = \dfrac{1}{2\sqrt{x+3}}$ であり，$x=1$ のとき $y=2$ であるから，曲線は点 $(1,2)$ を通る．

この点における接線の傾きは $y'\big|_{x=1} = \dfrac{1}{4}$ であるから，接線と法線はそれぞれ次の式で表される．

$$\text{接線}: y = \frac{1}{4}(x-1)+2 \quad \text{すなわち} \quad y = \frac{1}{4}x + \frac{7}{4}$$

$$\text{法線}: y = -4(x-1)+2 \quad \text{すなわち} \quad y = -4x + 6$$

Q6.10 次の関数のグラフの，（　）内に指定された x 座標に対応する点における，接線と法線の方程式を求めよ．

(1) $y = \dfrac{1}{x^2+1}$ $\quad (x=1)$

(2) $y = \dfrac{8}{\sqrt{x+1}}$ $\quad (x=1)$

(3) $y = \log(x+1)$ $\quad (x=0)$

(4) $y = \sin x$ $\quad \left(x = \dfrac{\pi}{4}\right)$

Q6.11 次の曲線の接線で，原点を通るものを求めよ． → **例題** 4.3

(1) $y = \sqrt{2x-1}$

(2) $y = e^{-x}$

Q6.12 次の関数の第 2 次導関数を求めよ．ただし，a, b は定数とする．

→ **まとめ** 6.2, Q6.3

(1) $y = (x+a)^2(x+b)^2$

(2) $y = (ax+1)^2(bx+1)^2$

Q6.13 次の関数の第 2 次導関数を求めよ． → **まとめ** 6.2, Q5.3〜5.11

(1) $y = \dfrac{1}{x^2+1}$

(2) $y = \sqrt{x^2+1}$

(3) $y = \log|x+\sqrt{x^2+1}|$

(4) $y = e^{-x^2}$

(5) $y = \cos^3 x$

(6) $y = \log(1+\sin x)$

(7) $y = \sin^{-1}\dfrac{x}{2}$

(8) $y = \tan^{-1}\dfrac{1}{x}$ $\quad (x>0)$

Q6.14 次の関数の増減と凹凸を調べてグラフをかけ．また，極値と変曲点を求めよ．

→ Q6.4

(1) $y = \dfrac{1}{4}(x+2)(x-2)^3 + 4$

(2) $y = 3x^5 - 5x^3$

Q6.15 次の関数の増減と凹凸を調べてグラフをかけ．また，極値と変曲点を求めよ．定義域や漸近線に注意すること． → Q6.1, 6.4

(1) $y = \dfrac{4}{x^2-4}$

(2) $y = \dfrac{x}{x^2-4}$

(3) $y = \dfrac{e^x-1}{e^x+1}$

(4) $y = \log\left|x+\sqrt{x^2+1}\right|$

例題 6.2

関数 $y = f(x)$ は 2 回微分可能で，$f'(a) = 0$ であるとする.

$f''(a) > 0$ であれば，$f(x)$ は下に凸であるから，$f(x)$ は $x = a$ で極小になる.

$f''(a) < 0$ であれば，$f(x)$ は上に凸であるから，$f(x)$ は $x = a$ で極大になる.

このように，第 2 次導関数を利用すると，y' を利用して増減を調べなくても極大・極小の判定をすることができる. このことを利用して，関数 $y = x + 2\sin x$ の極値を求めよ. ただし，$0 \le x < 2\pi$ とする.

解　$y' = 1 + 2\cos x$, $y'' = -2\sin x$ であるので，$y' = 0$ となるのは，$\cos x = -\dfrac{1}{2}$ より $x = \dfrac{2\pi}{3}$, $\dfrac{4\pi}{3}$ のときである. $x = \dfrac{2\pi}{3}$ のときは $y'' = -2\sin\dfrac{2\pi}{3} = -\sqrt{3} < 0$ であるので，この点で極大になる. 極大値は $y = \dfrac{2\pi}{3} + \sqrt{3}$ である. $x = \dfrac{4\pi}{3}$ のときは $y'' = -2\sin\dfrac{4\pi}{3} = \sqrt{3} > 0$ であるので，この点で極小になる. 極小値は $y = \dfrac{4\pi}{3} - \sqrt{3}$ である.

Q6.16　第 2 次導関数を用いて，次の関数の極値を調べよ.

(1) $y = x + 2\cos x$ $(0 \le x < 2\pi)$　　(2) $y = e^{-x}\sin x$ $(0 \le x < 2\pi)$

Q6.17　次の関数の最大値と最小値を求めよ.　　　　　　　→ Q6.2

(1) $y = \dfrac{x^2}{x+3}$ $(-1 \le x \le 2)$　　(2) $y = \dfrac{\log x}{x}$ $\left(\dfrac{1}{e} \le x \le e^2\right)$

(3) $y = x\sqrt{4 - x^2}$　　　　　(4) $y = \cos^2 x - \cos x$ $\left(0 \le x \le \dfrac{4\pi}{3}\right)$

Q6.18　$f(x) = \dfrac{1}{\sqrt{x^2+1}}$ とするとき，次の問いに答えよ.　→ まとめ 4.6, Q6.2

(1) $y = f(x)$ のグラフ上の，$x = a$ に対応する点における接線の方程式を求めよ.

(2) この接線と x 軸との交点の x 座標を $p(a)$ とする. $p(a)$ を a を用いて表せ. ただし，$a \ne 0$ とする.

(3) (2) において $a > 0$ とするとき，$p(a)$ の最小値を求めよ.

Q6.19　1 辺の長さ 18 cm の正三角形から，右図のように隅を切り取り，ふたのない箱を作る. 箱の容積を最大にするには，切り取る幅 x [cm] をどのように定めればよいか.

→ まとめ 4.10, Q4.10, Q6.2

Q6.20 曲線 $y = \dfrac{1}{1+x^2}$ の接線の傾きが最大になるような点と，最小になるような点の座標を求めよ．

→ まとめ 4.6, Q6.2

Q6.21 右のグラフをもとに，次の問いに答えよ．

→ まとめ 4.7, 4.8, 6.4, 6.5

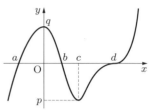

(1) このグラフを関数 $y = f(x)$ のグラフとするとき，$y' > 0$ であるような x の値の範囲を求めよ．

(2) このグラフを $y' = f'(x)$ のグラフとするとき，関数 $y = f(x)$ が減少であるような x の値の範囲を求めよ．

(3) このグラフを $y'' = f''(x)$ のグラフとするとき，関数 $y = f(x)$ のグラフの変曲点の x 座標を求めよ．

Q6.22 次の関数のグラフで極大となる点を A，極小となる点を B，そして変曲点を C とする．このとき，直線 AB の傾きと，点 C における接線の傾きの比の値を求めよ．ただし，$a > 0$ とする．

→ Q4.7, 4.8, 6.4

(1) $y = x^3 + 3ax^2$　　　　　(2) $y = x^3 - 3ax$

Q6.23 関数 $y = \dfrac{x^2 + x + a}{x - 1}$ が極値をとるように，定数 a の値の範囲を定めよ．

→ まとめ 4.8, 4.9

例題 6.3

$x \geqq 0$ のとき，不等式 $e^x \geqq 1 + x$ が成り立つことを証明せよ．

- -

証明　$f(x) = e^x - 1 - x$ とおいて，$x \geqq 0$ のときつねに $f(x) \geqq 0$ であることを示す．そのためには，$x \geqq 0$ のときの $f(x)$ の最小値が 0 以上であればよい．$f'(x) = e^x - 1$ であり，$x \geqq 0$ のとき $e^x \geqq 1$ であるから，$x \geqq 0$ のときの増減表は次のようになる．

x	0	$\cdots$
$f'(x)$		$+$
$f(x)$	0	$\nearrow$

（最小）

増減表より，$x \geqq 0$ のときつねに $f(x) \geqq 0$ であるので，$e^x \geqq 1 + x$ が成り立っている．

証明終

Q6.24 次の不等式を証明せよ.

(1) $x \geqq \log(1 + x)$ $(x \geqq 0)$ 　　　(2) $1 + 2\sin x \geqq \cos 2x$ $(0 \leqq x \leqq \pi)$

例題 6.4

方程式 $\dfrac{4}{x^2 - 4} = k$ の実数解の個数を調べよ.

解 $y = \dfrac{4}{x^2 - 4}$ とおき, y のグラフを調べる. Q6.15(1) より, グラフは図のように

なる.

与えられた方程式の実数解は, このグラフと直線 $y = k$ の共有点の x 座標である. し

たがって, グラフより,

$-1 < k \leqq 0$ のとき, 0 個

$k = -1$ のとき, 1 個

$k < -1, 0 < k$ のとき,

2 個である.

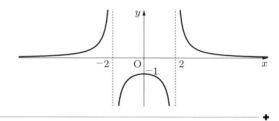

Q6.25 方程式 $\dfrac{x^3 + 1}{x^2} = a$ の実数解の個数を調べよ.

Q6.26 ▦△ABC において, AB = 5 [cm], AC = 4 [cm] であり, ∠A = 60° とする.

∠A の大きさを 1° 大きくすると, この三角形の面積は約何 cm² 増加するか. た

だし, 円周率は 3.14 とし, 四捨五入して小数第 3 位まで求めよ.

→ まとめ 6.6, Q6.6, 6.7

Q6.27 右図のような底面の半径と高さとが等しい直円錐

を逆向きにした空の容器がある.

この容器に毎秒 $4\,\mathrm{cm}^3$ の割合で水を注いでいくと

き, 水を注ぎ始めてから t 秒後の水の深さを $x\,[\mathrm{cm}]$, 水

の体積を $V\,[\mathrm{cm}^3]$, 水面の面積を $S\,[\mathrm{cm}^2]$ とする. こ

のとき, 次の問いに答えよ. → Q6.7〜6.9

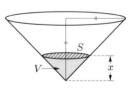

(1) 水の深さが $x\,[\mathrm{cm}]$ であるときの水面の面積 S と水の体積 V を求めよ.

(2) 体積 V は時間とともに変化するから, 時間 t の関数である. $\dfrac{dV}{dt}$ を求めよ.

(3) 水の深さが $6\,\mathrm{cm}$ になったときの水面の面積の広がる速度 $\dfrac{dS}{dt}$ を求めよ.

Q6.28 底面の直径が $10\,\mathrm{cm}$, 長さが $1\,\mathrm{m}$ の直円柱がある. 体積を一定に保ったまま, この円柱の長さを毎分 $5\,\mathrm{mm}$ の割合で引き延ばすとき, 引き延ばし始めてから 10 分後の直径 ℓ の減少する速度を求めよ. ただし, 四捨五入して小数第 3 位まで求めること.

→ Q6.9

━━━━ **C** ━━━━━━━━━━━━━━━━━━

Q6.29 次の関数の第 2 次導関数を求めよ.

(1) $y = \dfrac{x+2}{x(x+1)} - \dfrac{x}{(x+1)(x+2)}$　　　　（類題：奈良女子大学）

(2) $y = x\log x + \dfrac{1}{x+\sqrt{x^2+1}}$　　　　（類題：東北大学）

Q6.30 関数 $f(x) = \tan^{-1}\left(\dfrac{2x}{x^2+1}\right)$ について, 次の問いに答えよ.

（類題：電気通信大学）

(1) $\displaystyle\lim_{x\to\pm\infty} f(x)$ を求めよ. 　　　(2) $f(x)$ の最大値と最小値を求めよ.

Q6.31 $k = x - 1 + \dfrac{4}{x-1}$ のとりうる値の範囲を求めよ.　　　　（類題：福井大学）

Q6.32 不等式 $1 + x + \dfrac{x^2}{2} < e^x \ (x > 0)$ を証明せよ.　　　　（類題：東京都立大学）

3 積分法

7 不定積分

まとめ

7.1 原始関数と不定積分 関数 $f(x)$ に対して，$F'(x) = f(x)$ を満たす関数 $F(x)$ を $f(x)$ の**原始関数**という．$F(x)$ を $f(x)$ の原始関数とすると，他の原始関数は定数 C に対して $F(x) + C$ で表される．この形の関数を総称して $f(x)$ の**不定積分**といい，次の記号で表す．C を**積分定数**という．

$$\int f(x)\,dx = F(x) + C \quad (C \text{ は定数})$$

7.2 微分と積分

$$\frac{d}{dx}\int f(x)\,dx = f(x), \quad \int f'(x)\,dx = f(x) + C$$

7.3 不定積分の公式 k, α, a, A は定数 $(\alpha \neq -1, A \neq 0)$ とする．

(1) $\displaystyle\int k\,dx = kx + C$

(2) $\displaystyle\int x^\alpha\,dx = \frac{1}{\alpha+1}x^{\alpha+1} + C$

(3) $\displaystyle\int \frac{1}{x}\,dx = \log|x| + C$

(4) $\displaystyle\int e^x\,dx = e^x + C$

(5) $\displaystyle\int \sin x\,dx = -\cos x + C, \quad \int \cos x\,dx = \sin x + C$

(6) $\displaystyle\int \frac{1}{\cos^2 x}\,dx = \tan x + C, \quad \int \frac{1}{\sin^2 x}\,dx = -\frac{1}{\tan x} + C$

(7) $\displaystyle\int \frac{1}{\sqrt{a^2 - x^2}}\,dx = \sin^{-1}\frac{x}{a} + C \quad (a > 0)$

(8) $\displaystyle\int \frac{1}{x^2 + a^2}\,dx = \frac{1}{a}\tan^{-1}\frac{x}{a} + C \quad (a \neq 0)$

(9) $\displaystyle\int \frac{1}{x^2 - a^2}\,dx = \frac{1}{2a}\log\left|\frac{x-a}{x+a}\right| + C \quad (a \neq 0)$

(10) $\displaystyle\int \frac{1}{\sqrt{x^2 + A}}\,dx = \log\left|x + \sqrt{x^2 + A}\right| + C$

(11) $\displaystyle\int \sqrt{x^2+A}\,dx = \frac{1}{2}\left(x\sqrt{x^2+A}+A\log\left|x+\sqrt{x^2+A}\right|\right)+C$

(12) $\displaystyle\int \sqrt{a^2-x^2}\,dx = \frac{1}{2}\left(x\sqrt{a^2-x^2}+a^2\sin^{-1}\frac{x}{a}\right)+C \quad (a>0)$

7.4 不定積分の線形性

(1) $\displaystyle\int kf(x)\,dx = k\int f(x)\,dx \quad (k は定数)$

(2) $\displaystyle\int \{f(x)\pm g(x)\}\,dx = \int f(x)\,dx \pm \int g(x)\,dx \quad （複号同順）$

7.5 1次関数との合成関数の不定積分

$F'(x)=f(x)$ のとき, $\displaystyle\int f(ax+b)\,dx = \frac{1}{a}F(ax+b)+C \quad (a\neq 0)$

7.6 不定積分の置換積分法

(1) $\displaystyle\int f(g(x))g'(x)\,dx = \int f(t)\,dt \quad (t=g(x) のとき)$

(2) $\displaystyle\int f(x)\,dx = \int f(g(t))g'(t)\,dt \quad (x=g(t) のとき)$

7.7 $\dfrac{f'(x)}{f(x)}$ の不定積分

$$\int \frac{f'(x)}{f(x)}\,dx = \log|f(x)|+C$$

7.8 不定積分の部分積分法

$$\int f(x)g'(x)\,dx = f(x)g(x)-\int f'(x)g(x)\,dx$$

A

Q7.1 次の不定積分を求めよ.

(1) $\displaystyle\int x^4\,dx$ (2) $\displaystyle\int \frac{1}{x^2}\,dx$ (3) $\displaystyle\int \sqrt{x^3}\,dx$ (4) $\displaystyle\int \frac{4}{x}\,dx$

Q7.2 次の不定積分を求めよ.

(1) $\displaystyle\int \left(x^2-2+\frac{1}{x^2}\right)dx$ (2) $\displaystyle\int \left(1+\frac{2}{\sqrt{x}}+\frac{3}{x}\right)dx$

(3) $\displaystyle\int \left(2\sin x+\frac{3}{\sin^2 x}\right)dx$ (4) $\displaystyle\int \frac{2+\cos^2 x}{\cos^2 x}\,dx$

Q7.3　次の不定積分を求めよ.

(1) $\displaystyle\int (2x-1)^6\,dx$　　　(2) $\displaystyle\int \frac{1}{5x-4}\,dx$　　　(3) $\displaystyle\int \frac{1}{\sqrt{4x+3}}\,dx$

(4) $\displaystyle\int \cos\left(5x+\frac{\pi}{4}\right)dx$　　(5) $\displaystyle\int \sin\left(2x+\frac{\pi}{3}\right)dx$　　(6) $\displaystyle\int e^{-2x+1}\,dx$

Q7.4　次の不定積分を求めよ.

(1) $\displaystyle\int \frac{1}{\sqrt{3-x^2}}\,dx$　　　(2) $\displaystyle\int \frac{1}{x^2+2}\,dx$　　　(3) $\displaystyle\int \frac{1}{x^2-3}\,dx$

(4) $\displaystyle\int \frac{1}{\sqrt{4-(x-2)^2}}\,dx$　(5) $\displaystyle\int \frac{1}{(3x+2)^2+1}\,dx$　(6) $\displaystyle\int \frac{1}{(2x+3)^2-4}\,dx$

Q7.5　次の不定積分を求めよ.

(1) $\displaystyle\int x^2(x^3+2)^4\,dx$　　　(2) $\displaystyle\int \cos x \sin^2 x\,dx$　　(3) $\displaystyle\int \frac{x}{\sqrt{x^2+1}}\,dx$

(4) $\displaystyle\int \frac{e^x}{(e^x+3)^2}\,dx$　　(5) $\displaystyle\int \frac{(\log x)^2}{x}\,dx$　　(6) $\displaystyle\int x^2 e^{x^3}\,dx$

Q7.6　次の不定積分を求めよ.

(1) $\displaystyle\int \frac{2x+3}{x^2+3x+5}\,dx$　　(2) $\displaystyle\int \frac{x^4}{x^5-3}\,dx$　　(3) $\displaystyle\int \frac{e^x}{e^x+3}\,dx$

(4) $\displaystyle\int \frac{\cos x}{1+\sin x}\,dx$　　(5) $\displaystyle\int \frac{\sin x-\cos x}{\sin x+\cos x}\,dx$　(6) $\displaystyle\int \frac{1}{x\log x}\,dx$

Q7.7　次の不定積分を求めよ.

(1) $\displaystyle\int \frac{1}{x^2-2x-3}\,dx$　　　　(2) $\displaystyle\int \frac{2x+1}{x^2-2x-3}\,dx$

(3) $\displaystyle\int \frac{1}{(x-1)(x^2+1)}\,dx$　　　(4) $\displaystyle\int \frac{x^2+x+1}{(x-1)(x^2+1)}\,dx$

Q7.8　次の不定積分を求めよ.

(1) $\displaystyle\int xe^{3x}\,dx$　　　　　　(2) $\displaystyle\int xe^{-2x}\,dx$

(3) $\displaystyle\int x\sin 3x\,dx$　　　　　(4) $\displaystyle\int x\cos 2x\,dx$

Q7.9　次の不定積分を求めよ.

(1) $\displaystyle\int \tan^{-1} 2x\,dx$　　　　　(2) $\displaystyle\int \sin^{-1}\frac{x}{2}\,dx$

Q7.10　次の不定積分を求めよ.

(1) $\displaystyle\int x^2 e^{-2x}\,dx$

(2) $\displaystyle\int x^2 \sin x\,dx$

(3) $\displaystyle\int x^2 \cos 2x\,dx$

(4) $\displaystyle\int x^2 (\log x)^2\,dx$

Q7.11　次の不定積分を求めよ.

(1) $\displaystyle\int e^{-x} \sin 2x\,dx$

(2) $\displaystyle\int e^{2x} \cos 3x\,dx$

Q7.12　次の不定積分を求めよ.

(1) $\displaystyle\int \frac{1}{\sqrt{x^2+2}}\,dx$

(2) $\displaystyle\int \sqrt{x^2+3}\,dx$

(3) $\displaystyle\int \sqrt{4-x^2}\,dx$

(4) $\displaystyle\int \frac{1}{\sqrt{3x^2+1}}\,dx$

(5) $\displaystyle\int \sqrt{4x^2+3}\,dx$

(6) $\displaystyle\int \sqrt{9-4x^2}\,dx$

B

Q7.13　次の不定積分を求めよ.　　　　　　　　→ まとめ 7.3(1)〜(3), Q7.2

(1) $\displaystyle\int \sqrt{x}(2x+1)^2\,dx$

(2) $\displaystyle\int x\left(2\sqrt{x}+1\right)^2\,dx$

(3) $\displaystyle\int \frac{\left(2\sqrt{x}+1\right)^2}{x}\,dx$

(4) $\displaystyle\int \frac{(2x+1)^2}{\sqrt{x}}\,dx$

Q7.14　次の不定積分を求めよ.　　　　　→ まとめ 7.3(7)〜(12), 7.5, Q7.4, 7.12

(1) $\displaystyle\int \frac{1}{2x^2+1}\,dx$

(2) $\displaystyle\int \frac{1}{1-2x^2}\,dx$

(3) $\displaystyle\int \frac{1}{\sqrt{2x^2+1}}\,dx$

(4) $\displaystyle\int \sqrt{1-2x^2}\,dx$

(5) $\displaystyle\int \frac{x^2}{x^2-9}\,dx$

(6) $\displaystyle\int \frac{x^2-4}{x^2+4}\,dx$

Q7.15　次の不定積分を求めよ.　　　　　　　　　　→ まとめ 7.6, Q7.5

(1) $\displaystyle\int x(x-1)^3\,dx$

(2) $\displaystyle\int x\sqrt{2x+3}\,dx$

(3) $\displaystyle\int \frac{x}{(4-x)^3}\,dx$

(4) $\displaystyle\int \frac{x}{\sqrt{2x-1}}\,dx$

例題 7.1

(1) 関数 $f(x)$ に対して，次の式が成り立つことを示せ．

$$\int \{f(x)\}^{\alpha} f'(x)\, dx = \frac{1}{\alpha+1} \{f(x)\}^{\alpha+1} + C \quad (\alpha \neq -1)$$

(2) (1) の公式を利用して，$\displaystyle\int \frac{x}{\sqrt{x^2+1}}\, dx$ を求めよ．

解　(1) $t = f(x)$ とおくと $dt = f'(x)dx$ であるので，

$$\int \{f(x)\}^{\alpha} f'(x)\, dx = \int t^{\alpha}\, dt = \frac{1}{\alpha+1} t^{\alpha+1} + C = \frac{1}{\alpha+1} \{f(x)\}^{\alpha+1} + C$$

である．

(2) $x = \dfrac{1}{2} \left(x^2+1\right)'$ であることから，次のように計算される．

$$\int \frac{x}{\sqrt{x^2+1}}\, dx = \frac{1}{2} \int (x^2+1)^{-\frac{1}{2}}(x^2+1)'\, dx$$

$$= \frac{1}{2} \cdot 2(x^2+1)^{\frac{1}{2}} + C = \sqrt{x^2+1} + C$$

Q7.16　次の不定積分を求めよ．

(1) $\displaystyle\int e^x(e^x+1)^3\, dx$

(2) $\displaystyle\int x\sqrt{x^2+1}\, dx$

(3) $\displaystyle\int \frac{\cos x}{(1+\sin x)^3}\, dx$

(4) $\displaystyle\int \frac{1}{x(\log x+1)^2}\, dx$

Q7.17　置換積分や部分積分などを利用して，次の不定積分を求めよ．

→ 例題 7.1, Q7.5, 7.8

(1) $\displaystyle\int 2\log(2x+3)\, dx$

(2) $\displaystyle\int \frac{e^x}{e^{2x}+1}\, dx$

(3) $\displaystyle\int \frac{x}{\sqrt[3]{x^2-5}}\, dx$

(4) $\displaystyle\int e^{\sqrt{x}}\, dx$

例題 7.2

次の不定積分を求めよ．

$$\int \frac{x}{\sqrt{x^2+6x+5}}\, dx$$

解 $x^2 + 6x + 5 = (x+3)^2 - 9 + 5 = (x+3)^2 - 4$ であるから，$t = x + 3$ とおくと $dt = dx$，$x = t - 3$ である．したがって，例題 7.1 も利用すると次のように計算される．

$$\int \frac{x}{\sqrt{x^2+6x+5}}\,dx = \int \frac{x}{\sqrt{(x+3)^2-4}}\,dx = \int \frac{t-3}{\sqrt{t^2-4}}\,dt$$

$$= \int \frac{t}{\sqrt{t^2-4}}\,dt - 3\int \frac{1}{\sqrt{t^2-4}}\,dt$$

$$= \frac{1}{2}\int (t^2-4)^{-\frac{1}{2}}(t^2-4)'\,dt - 3\int \frac{1}{\sqrt{t^2-4}}\,dt$$

$$= \sqrt{t^2-4} - 3\log\left| t + \sqrt{t^2-4} \right| + C$$

$$= \sqrt{(x+3)^2-4} - 3\log\left| x+3 + \sqrt{(x+3)^2-4} \right| + C$$

$$= \sqrt{x^2+6x+5} - 3\log\left| x+3 + \sqrt{x^2+6x+5} \right| + C$$

Q7.18 次の不定積分を求めよ．

(1) $\displaystyle\int \frac{x}{x^2+4x+8}\,dx$ 　　(2) $\displaystyle\int \frac{x}{\sqrt{x^2+4x+8}}\,dx$

Q7.19 [ ] 内のような部分分数分解を行って，次の不定積分を求めよ．　→ Q7.7

(1) $\displaystyle\int \frac{x^2}{(x-1)^3}\,dx$ $\left[\dfrac{x^2}{(x-1)^3} = \dfrac{a}{x-1} + \dfrac{b}{(x-1)^2} + \dfrac{c}{(x-1)^3} \right]$

(2) $\displaystyle\int \frac{x+1}{x^2(x^2+1)}\,dx$ $\left[\dfrac{x+1}{x^2(x^2+1)} = \dfrac{a}{x} + \dfrac{b}{x^2} + \dfrac{cx+d}{x^2+1} \right]$

Q7.20 次の不定積分を求めよ．　→ まとめ 7.5, 例題 7.2, Q7.6, 7.7

(1) $\displaystyle\int \frac{2x+5}{x^2+4x+5}\,dx$ 　　(2) $\displaystyle\int \frac{x^2+5}{x^2(x^2+4x+5)}\,dx$

例題 7.3

次の不定積分を求めよ．

(1) $\displaystyle\int \sin 2x \cos 4x\,dx$ 　(2) $\displaystyle\int \sin^2 2x\,dx$ 　(3) $\displaystyle\int \sin^3 x\,dx$

解 三角関数の積を和に直す公式や，半角の公式を利用する．

(1) $\displaystyle\int \sin 2x \cos 4x\,dx = \frac{1}{2}\int \{\sin(2x+4x)+\sin(2x-4x)\}\,dx$

$\displaystyle = \frac{1}{2}\int (\sin 6x - \sin 2x)\,dx$

$\displaystyle = -\frac{1}{12}\left(\cos 6x - 3\cos 2x\right) + C$

(2) 半角の公式により $\sin^2\theta = \dfrac{1-\cos 2\theta}{2}$ であるから，

$$\int \sin^2 2x\,dx = \int \frac{1-\cos 4x}{2}\,dx$$

$$= \frac{1}{2}x - \frac{1}{8}\sin 4x + C$$

(3) $\displaystyle\int \sin^3 x\,dx = \int \sin^2 x \sin x\,dx = -\int (1-\cos^2 x)(\cos x)'\,dx$

$$= -\cos x + \frac{1}{3}\cos^3 x + C$$

Q7.21 次の不定積分を求めよ．

(1) $\displaystyle\int \sin 3x \cos 5x\,dx$ 　　(2) $\displaystyle\int \sin 7x \sin 5x\,dx$

(3) $\displaystyle\int \sin 2x \cos^2 3x\,dx$ 　　(4) $\displaystyle\int \cos 4x \sin^2 x\,dx$

例題 7.4

$t = \tan\dfrac{x}{2}$ とおくと

$$\sin x = \frac{2t}{1+t^2}, \quad \cos x = \frac{1-t^2}{1+t^2}, \quad \tan x = \frac{2t}{1-t^2}, \quad dx = \frac{2}{1+t^2}\,dt$$

となることを示し，そのことを利用して，不定積分 $\displaystyle\int \frac{1}{1+\sin x}\,dx$ を求めよ．

解 $t = \tan\dfrac{x}{2}$ とおくと，$\cos^2\dfrac{x}{2} = \dfrac{1}{1+\tan^2\frac{x}{2}} = \dfrac{1}{1+t^2}$ であることから，

$$\sin x = \sin\left(2\cdot\frac{x}{2}\right) = 2\sin\frac{x}{2}\cos\frac{x}{2} = 2\tan\frac{x}{2}\cos^2\frac{x}{2} = \frac{2t}{1+t^2}$$

$$\cos x = \cos\left(2\cdot\frac{x}{2}\right) = 2\cos^2\frac{x}{2} - 1 = \frac{2}{1+t^2} - 1 = \frac{1-t^2}{1+t^2}$$

$$\tan x = \frac{\sin x}{\cos x} = \frac{2t}{1-t^2}$$

である．また，

$$dt = \left(\tan \frac{x}{2}\right)' dx = \frac{1}{\cos^2 \frac{x}{2}} \cdot \frac{1}{2} dx = \left(1 + \tan^2 \frac{x}{2}\right) \cdot \frac{1}{2} dx$$

であるから，$dx = \dfrac{2}{1+t^2} dt$ である．したがって，求める不定積分は次のように計算される．

$$\int \frac{1}{1+\sin x} dx = \int \frac{1}{1+\dfrac{2t}{1+t^2}} \cdot \frac{2}{1+t^2} dt = \int \frac{2}{(1+t)^2} dt$$

$$= -\frac{2}{1+t} + C = -\frac{2}{1+\tan \frac{x}{2}} + C$$

別解 $t = \tan \dfrac{x}{2}$ への置き換えを行わないで計算することもできる．

$$\int \frac{1}{1+\sin x} dx = \int \frac{1-\sin x}{(1+\sin x)(1-\sin x)} dx$$

$$= \int \frac{1-\sin x}{1-\sin^2 x} dx = \int \frac{1-\sin x}{\cos^2 x} dx$$

$$= \int \left\{ \frac{1}{\cos^2 x} + (\cos x)^{-2}(\cos x)' \right\} dx$$

$$= \tan x - \frac{1}{\cos x} + C = \frac{\sin x - 1}{\cos x} + C$$

この式に $\sin x = \dfrac{2t}{1+t^2}, \cos x = \dfrac{1-t^2}{1+t^2}$ を代入すると，$-\dfrac{2}{1+t} + 1 + C$ となる．このように，三角関数の不定積分では，求め方により最終的な式の形が異なる場合がある．$1+C$ を改めて C とおくと，上の解答で求めた式と一致する．

Q7.22 $t = \tan \dfrac{x}{2}$ とおいて，次の不定積分を求めよ．

(1) $\displaystyle \int \frac{1}{\cos x} dx$ 　　　　　　(2) $\displaystyle \int \frac{1}{1-\sin x} dx$

Q7.23 n を 0 以上の整数とする．

$$I_n = \int \sin^n x \, dx, \quad J_n = \int \cos^n x \, dx$$

とおくと，次の漸化式が成り立つことを示せ．　　　　　　→ **まとめ** 7.8, Q7.11

(1) $I_n = -\dfrac{1}{n} \sin^{n-1} x \cos x + \dfrac{n-1}{n} I_{n-2}$ 　$(n \geqq 2)$

(2) $J_n = \dfrac{1}{n} \cos^{n-1} x \sin x + \dfrac{n-1}{n} J_{n-2}$ 　$(n \geqq 2)$

Q7.24　Q7.23 の漸化式などを利用して，次の不定積分を求めよ.　→ **例題 7.1**

(1) $\displaystyle\int \sin^5 x \, dx$　　　　　　　　(2) $\displaystyle\int \cos^4 x \, dx$

(3) $\displaystyle\int \sin^2 x \cos^3 x \, dx$　　　　(4) $\displaystyle\int \sin^3 x \cos^3 x \, dx$

Q7.25　$I_n = \displaystyle\int (\log x)^n \, dx$ とおくとき，次の問いに答えよ. ただし，n は 0 以上の整数とする.　→ **まとめ 7.8, Q7.9**

(1) I_0 を求めよ.

(2) $n \geqq 1$ のとき，$I_n = x(\log x)^n - nI_{n-1}$ が成り立つことを示せ.

(3) I_3 を求めよ.

C

Q7.26　次の不定積分を求めよ.

(1) $\displaystyle\int \frac{1}{(\sqrt[3]{x}-2)^2} \, dx$　（類題：長岡技術科学大学）

(2) $\displaystyle\int \frac{e^{2x}}{e^x+1} \, dx$　（類題：福井大学）　(3) $\displaystyle\int x\cos^2 x \, dx$　（類題：東北大学）

(4) $\displaystyle\int x^3 e^{-x} \, dx$　（類題：東京都立大学）　(5) $\displaystyle\int \frac{x^3}{x^2+1} \, dx$　（類題：九州大学）

(6) $\displaystyle\int \frac{1}{e^x+4} \, dx$　（類題：岐阜大学）

Q7.27　次の不定積分を求めよ.　（類題：東京都立大学）

(1) $\displaystyle\int x\left(1+x^2\right)^a \, dx$　　　(2) $\displaystyle\int x^2\left(1+x\right)^a \, dx$

Q7.28　$t = x + \sqrt{x^2+4}$ とおいて，次の不定積分を求めよ.

(1) $\displaystyle\int \frac{1}{\sqrt{x^2+4}} \, dx$　（類題：名古屋大学）

(2) $\displaystyle\int \sqrt{x^2+4} \, dx$　（類題：東北大学）

Q7.29　次の不定積分を求めよ.　（類題：名古屋工業大学，福井大学）

$$\int \frac{5x^2-4x-6}{(x-1)^2(x^2+2x+2)} \, dx$$

8 定積分

まとめ

8.1 **定積分** 閉区間 $[a, b]$ を n 等分してできる小区間の幅を Δx とし，各小区間内に任意に 1 点 x_k をとる．このとき，$f(x)$ の a から b までの**定積分**を次の極限値として定める．

$$\int_a^b f(x)dx = \lim_{n \to \infty} \sum_{k=1}^n f(x_k)\Delta x$$

この極限値が存在するとき，関数 $f(x)$ は区間 $[a, b]$ で**積分可能**であるという．与えられた区間で連続な関数は，その区間で積分可能である．

8.2 **微分積分学の基本定理** $F(x)$ を $f(x)$ の原始関数とするとき，次のことが成り立つ．

$$\int_a^b f(x)\,dx = \Big[\, F(x) \,\Big]_a^b = F(b) - F(a)$$

8.3 **定積分と微分の関係**

$$\frac{d}{dx} \int_a^x f(t)\,dt = f(x)$$

8.4 **定積分の定義の拡張** $a = b$ または $a > b$ のときは，次のように定める．

$$\int_a^a f(x)\,dx = 0, \qquad \int_a^b f(x)\,dx = -\int_b^a f(x)\,dx$$

8.5 **定積分の性質** (1), (2) の性質を**線形性**，(3) を**加法性**という．

(1) $\displaystyle\int_a^b kf(x)\,dx = k\int_a^b f(x)\,dx$ （k は定数）

(2) $\displaystyle\int_a^b \{f(x) \pm g(x)\}\,dx = \int_a^b f(x)\,dx \pm \int_a^b g(x)\,dx$ （複号同順）

(3) $\displaystyle\int_a^c f(x)\,dx + \int_c^b f(x)\,dx = \int_a^b f(x)\,dx$

8.6 **定積分と面積**　関数 $y = f(x)$ のグラフと x 軸，2 直線 $x = a$, $x = b$ で囲まれる図形の面積を S とすると，次のことが成り立つ.

(1) 区間 $[a, b]$ でつねに $f(x) \geqq 0$ のときは，$S = \displaystyle\int_a^b f(x)\, dx$

(2) 区間 $[a, b]$ でつねに $f(x) \leqq 0$ のときは，$S = \displaystyle\int_a^b \{-f(x)\}\, dx$

$f(x)$ の符号にかかわらず，$S = \displaystyle\int_a^b |f(x)|\, dx$ と表せる.

8.7 **定積分の置換積分法**

(1) $\displaystyle\int_a^b f(g(x))g'(x)dx = \int_\alpha^\beta f(t)dt$　$(t = g(x),\ g(a) = \alpha,\ g(b) = \beta$ のとき$)$

(2) $\displaystyle\int_a^b f(x)\, dx = \int_\alpha^\beta f(g(t))g'(t)dt$　$(x = g(t),\ a = g(\alpha),\ b = g(\beta)$ のとき$)$

8.8 **定積分の部分積分法**

$$\int_a^b f(x)g'(x)\, dx = \Big[f(x)g(x) \Big]_a^b - \int_a^b f'(x)g(x)\, dx$$

8.9 **偶関数・奇関数の定積分**

(1) $f(x)$ が偶関数のとき，$\displaystyle\int_{-a}^a f(x)\, dx = 2\int_0^a f(x)\, dx$

(2) $f(x)$ が奇関数のとき，$\displaystyle\int_{-a}^a f(x)\, dx = 0$

8.10 $\sin^n x,\ \cos^n x$ **の定積分**

$$\int_0^{\frac{\pi}{2}} \sin^n x\, dx = \int_0^{\frac{\pi}{2}} \cos^n x\, dx = \begin{cases} \dfrac{n-1}{n} \cdot \dfrac{n-3}{n-2} \cdot \cdots \cdot \dfrac{3}{4} \cdot \dfrac{1}{2} \cdot \dfrac{\pi}{2} & (n \text{ は偶数}) \\[2ex] \dfrac{n-1}{n} \cdot \dfrac{n-3}{n-2} \cdot \cdots \cdot \dfrac{4}{5} \cdot \dfrac{2}{3} \cdot 1 & (n \text{ は奇数}) \end{cases}$$

8.11 **台形公式**　区間 $[a, b]$ を n 等分してできる分点を

$$a = x_0 < x_1 < \cdots < x_n = b$$

とし，$y_k = f(x_k)\ (0 \leqq k \leqq n)$ とする. 小区間の幅を Δx とするとき，n が大きいときは次の近似式が成り立つ.

$$\int_a^b f(x)\, dx \fallingdotseq \left\{ \frac{1}{2}(y_0 + y_n) + (y_1 + y_2 + \cdots + y_{n-1}) \right\} \Delta x$$

A

Q8.1 次の定積分を求めよ.

(1) $\displaystyle\int_{-1}^{2} 3x^2\, dx$

(2) $\displaystyle\int_{0}^{1} x^2\sqrt{x}\, dx$

(3) $\displaystyle\int_{1}^{2} \frac{1}{x^2}\, dx$

(4) $\displaystyle\int_{0}^{1} e^{-x}\, dx$

(5) $\displaystyle\int_{0}^{\pi} \sin\frac{x}{2}\, dx$

(6) $\displaystyle\int_{0}^{\frac{1}{2}} \frac{1}{\sqrt{1-x^2}}\, dx$

Q8.2 次の定積分を求めよ.

(1) $\displaystyle\int_{-1}^{-1} x^{\frac{1}{3}}\, dx$

(2) $\displaystyle\int_{\frac{\pi}{2}}^{0} \sin 2x\, dx$

(3) $\displaystyle\int_{1}^{0} e^{2x}\, dx$

(4) $\displaystyle\int_{2}^{1} \frac{1}{x}\, dx$

Q8.3 次の定積分を求めよ.

(1) $\displaystyle\int_{0}^{1} (2x^3 - 3x^2 + x + 5)\, dx$

(2) $\displaystyle\int_{1}^{2} \left(\frac{1}{x} - \frac{2}{x^2}\right) dx$

(3) $\displaystyle\int_{2}^{4} \left(\sqrt{x} - \frac{2}{\sqrt{x}}\right) dx$

(4) $\displaystyle\int_{1}^{2} \left(1 + \sqrt{x} + \frac{1}{x}\right) dx$

(5) $\displaystyle\int_{0}^{\frac{\pi}{3}} \left(\cos x + 2\sin\frac{x}{2}\right) dx$

(6) $\displaystyle\int_{0}^{1} \left(\frac{e^x + e^{-x}}{2}\right)^2 dx$

Q8.4 次の図形の面積を求めよ.

(1) 放物線 $y = x^2 - 4$ と x 軸によって囲まれる図形

(2) 曲線 $y = \sqrt{x}$, x 軸, および直線 $x = 4$ によって囲まれる図形

(3) 曲線 $y = \dfrac{1}{x}$, x 軸, および直線 $x = 1$, $x = 2$ によって囲まれる図形

(4) 曲線 $y = \cos x$ $\left(\dfrac{\pi}{2} \leqq x \leqq \dfrac{3\pi}{2}\right)$ と x 軸によって囲まれる図形

Q8.5 次の定積分を求めよ.

(1) $\displaystyle\int_{-1}^{1} (2x+1)^3\, dx$

(2) $\displaystyle\int_{0}^{1} e^{1-x}\, dx$

(3) $\displaystyle\int_{0}^{\frac{\pi}{6}} \sin^4 x \cos x\, dx$

(4) $\displaystyle\int_{0}^{1} \frac{e^x - e^{-x}}{e^x + e^{-x}}\, dx$

(5) $\displaystyle\int_{0}^{1} \frac{x}{x^2 + 1}\, dx$

(6) $\displaystyle\int_{0}^{\frac{\pi}{4}} \frac{\tan^3 x}{\cos^2 x}\, dx$

Q8.6 次の定積分を（　）内の指示にしたがって求めよ.

(1) $\displaystyle\int_0^{\frac{\sqrt{3}}{2}} \sqrt{3-x^2}\,dx$　（$x=\sqrt{3}\sin\theta$ と置換する）

(2) $\displaystyle\int_0^1 \frac{1}{\sqrt{4-x^2}}\,dx$　（$x=2\sin\theta$ と置換する）

Q8.7 次の定積分を求めよ.

(1) $\displaystyle\int_0^2 xe^x\,dx$　　　　　　　　　(2) $\displaystyle\int_0^1 xe^{-2x}\,dx$

(3) $\displaystyle\int_0^\pi x\cos 2x\,dx$　　　　　　　　　(4) $\displaystyle\int_0^{\frac{\pi}{2}} x\sin 4x\,dx$

Q8.8 次の定積分を求めよ.

(1) $\displaystyle\int_1^{e^2} \log x\,dx$　　　(2) $\displaystyle\int_1^e x^2\log x\,dx$　　　(3) $\displaystyle\int_1^{e^2} \frac{\log x}{x}\,dx$

Q8.9 次の定積分を求めよ.

(1) $\displaystyle\int_{-2}^2 (x^3+2x^2-3x-4)\,dx$　　　(2) $\displaystyle\int_{-1}^1 \frac{x^3}{x^2+3}\,dx$

(3) $\displaystyle\int_{-\frac{\pi}{2}}^{\frac{\pi}{2}} \sin^3 x\cos^4 x\,dx$　　　(4) $\displaystyle\int_{-\frac{\pi}{2}}^{\frac{\pi}{2}} (\sin^3 x+4\cos^2 x)\,dx$

Q8.10 次の定積分を求めよ.

(1) $\displaystyle\int_0^{\frac{\pi}{2}} \sin^5 x\,dx$　　(2) $\displaystyle\int_0^{\frac{\pi}{2}} \cos^6 x\,dx$　　(3) $\displaystyle\int_0^\pi \sin^3 x\,dx$

(4) $\displaystyle\int_0^\pi \cos^2 x\,dx$　　(5) $\displaystyle\int_{-\frac{\pi}{2}}^{\frac{\pi}{2}} \sin^7 x\,dx$　　(6) $\displaystyle\int_{-\frac{\pi}{2}}^{\frac{\pi}{2}} \cos^4 x\,dx$

Q8.11 ▦ まとめ8.11の台形公式によって, 次の場合における定積分 $\displaystyle\int_0^1 \sqrt{1-x^2}\,dx$
の近似値を小数第3位まで求めよ.

(1) $n=3$　　　　　　　　　　　(2) $n=5$

Q8.12 右図のような図形があり, 6 cm ごとに水平に測った
線分の長さ（単位は cm）を図に記入してある. この図形
の面積はおよそ何 cm^2 か. 台形公式を使って求めよ.

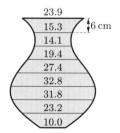

■■■■　**B**　■■■■■■■■■■■■■■■■■■■■■■■■■■■■■■■

Q8.13 定積分の定義により，次の値を計算せよ． → まとめ 8.1

(1) $\displaystyle\int_0^1 3\,dx$　　　　　(2) $\displaystyle\int_0^1 x\,dx$　　　　　(3) $\displaystyle\int_0^1 x^2\,dx$

Q8.14 右図は $y = f(x)$ のグラフを示したもので
ある．横線の部分の面積を A，縦線の部分の面
積を B とするとき，次の定積分を A, B で表
せ． → まとめ 8.6

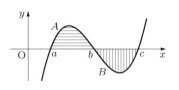

(1) $\displaystyle\int_a^b f(x)\,dx$　　　　　(2) $\displaystyle\int_b^c f(x)\,dx$

(3) $\displaystyle\int_a^c f(x)\,dx$　　　　　(4) $\displaystyle\int_a^c |f(x)|\,dx$

Q8.15 次の曲線や直線で囲まれた図形の面積を求めよ． → まとめ 8.6, Q8.4
(1) 曲線 $y = x^2 - 2x + 2$, 直線 $x = \pm 1$, x 軸
(2) 曲線 $y = \cos x - 1\ (0 \leq x \leq 2\pi)$ と x 軸
(3) 曲線 $y = \dfrac{e^x + e^{-x}}{2}$, 直線 $x = \pm 1$, x 軸
(4) 曲線 $y = |x^2 - 1| - 1$ と x 軸

Q8.16 次の定積分を求めよ． → まとめ 8.7, Q8.5

(1) $\displaystyle\int_0^1 x(2x-1)^3\,dx$　　　　　(2) $\displaystyle\int_0^1 \frac{x}{(x^2+1)^3}\,dx$

(3) $\displaystyle\int_0^{\frac{\pi}{2}} \cos^3 x\sqrt{\sin x}\,dx$　　　　　(4) $\displaystyle\int_1^e \frac{\sqrt{\log x + 1}}{x}\,dx$

─────**例題 8.1**────────────────────────────────

a が正の定数のとき，$x = a\tan t$ とおいて定積分 $\displaystyle\int_0^a \frac{x^2}{(x^2+a^2)^2}\,dx$ を求めよ．

解　$dx = \dfrac{a}{\cos^2 t}\,dt$ であり，

$$x = 0 \text{ のとき}\quad a\tan t = 0\quad \text{より}\quad t = 0$$

$$x = a \text{ のとき}\quad a\tan t = a\quad \text{より}\quad t = \frac{\pi}{4}$$

である．また，$x^2 + a^2 = a^2(\tan^2 t + 1) = \dfrac{a^2}{\cos^2 t}$ であるから，次のようになる．

$$\int_0^a \frac{x^2}{(x^2 + a^2)^2}\,dx = \int_0^{\frac{\pi}{4}} \frac{(a\tan t)^2}{\left(\dfrac{a^2}{\cos^2 t}\right)^2} \cdot \frac{a}{\cos^2 t}\,dt$$

$$= \frac{1}{a}\int_0^{\frac{\pi}{4}} \tan^2 t \cos^2 t\,dt = \frac{1}{a}\int_0^{\frac{\pi}{4}} \sin^2 t\,dt$$

$$= \frac{1}{a}\int_0^{\frac{\pi}{4}} \frac{1 - \cos 2t}{2}\,dt = \frac{\pi - 2}{8a}$$

Q8.17 次の定積分を求めよ．

(1) $\displaystyle\int_0^1 \frac{1}{(x^2 + 1)^2}\,dx$　　　　　(2) $\displaystyle\int_0^2 \frac{1}{\sqrt{(x^2 + 4)^3}}\,dx$

Q8.18 次の定積分を求めよ．　　　　　　　　　→ まとめ 8.8, Q8.7, 8.8

(1) $\displaystyle\int_0^1 (2x + 1)e^{-x}\,dx$　　　　　(2) $\displaystyle\int_0^\pi (2x - 1)\sin\frac{x}{2}\,dx$

(3) $\displaystyle\int_0^1 x\cos\pi x\,dx$　　　　　(4) $\displaystyle\int_1^e (2x - 1)\log x\,dx$

例題 8.2

定積分 $\displaystyle\int_0^1 x^2 e^{-2x}\,dx$ を求めよ．

解

$$\int_0^1 x^2 e^{-2x}\,dx = -\frac{1}{2}\Big[\,x^2 e^{-2x}\,\Big]_0^1 + \int_0^1 x e^{-2x}\,dx$$

$$= -\frac{1}{2}e^{-2} - \frac{1}{2}\Big[\,x e^{-2x}\,\Big]_0^1 + \frac{1}{2}\int_0^1 1 \cdot e^{-2x}\,dx$$

$$= -e^{-2} + \frac{1}{2}\Big[\,-\frac{1}{2}e^{-2x}\,\Big]_0^1 = \frac{1}{4}\left(1 - \frac{5}{e^2}\right)$$

Q8.19 次の定積分を求めよ．

(1) $\displaystyle\int_0^1 x^2 e^{-x}\,dx$　　　　　(2) $\displaystyle\int_0^\pi x^2 \sin 2x\,dx$

(3) $\displaystyle\int_0^\pi x^2 \cos\frac{x}{2}\,dx$　　　　　(4) $\displaystyle\int_0^\pi e^{-x}\sin x\,dx$

例題 8.3

三角関数の性質を利用して，次の定積分を求めよ．

(1) $\displaystyle\int_0^\pi \sin 2x \cos 3x\, dx$ \qquad (2) $\displaystyle\int_0^\pi \left(1+\sin^2 x\right)^2 dx$

解 (1) 三角関数の積を和に直す公式を利用する．

$$\int_0^\pi \sin 2x \cos 3x\, dx = \frac{1}{2}\int_0^\pi \{\sin(2x+3x)+\sin(2x-3x)\}\, dx$$

$$= \frac{1}{2}\int_0^\pi (\sin 5x - \sin x)\, dx$$

$$= \frac{1}{2}\left[-\frac{1}{5}\cos 5x + \cos x\right]_0^\pi = -\frac{4}{5}$$

(2) 半角の公式を利用する．

$$\int_0^\pi \left(1+\sin^2 x\right)^2 dx = \int_0^\pi \left(1+\frac{1-\cos 2x}{2}\right)^2 dx$$

$$= \frac{1}{4}\int_0^\pi (9 - 6\cos 2x + \cos^2 2x)\, dx$$

$$= \frac{1}{4}\int_0^\pi \left(9 - 6\cos 2x + \frac{1+\cos 4x}{2}\right) dx$$

$$= \frac{1}{4}\left[9x - 3\sin 2x + \frac{1}{2}\left(x + \frac{1}{4}\sin 4x\right)\right]_0^\pi$$

$$= \frac{19}{8}\pi$$

Q8.20 次の定積分を求めよ．

(1) $\displaystyle\int_0^\pi \cos 4x \sin 3x\, dx$ \qquad (2) $\displaystyle\int_0^\pi (1+\cos^2 x)^2 dx$ \qquad (3) $\displaystyle\int_0^\pi x\sin^2 x\, dx$

Q8.21 次の定積分を求めよ． → まとめ 8.10, Q8.5, 8.10

(1) $\displaystyle\int_0^{\frac{\pi}{2}} \sin^2 x \cos^4 x\, dx$ \qquad (2) $\displaystyle\int_0^{\frac{\pi}{2}} \sin^3 x \cos^3 x\, dx$

Q8.22 a を定数とするとき，定積分 $I(a) = \displaystyle\int_0^1 (e^x - ax)^2 \, dx$ について，次の問い

に答えよ．　　　　　　　　　　　　　　　　　　　　　　　　　　　**→ まとめ 8.8**

(1) 定積分 $\displaystyle\int_0^1 xe^x \, dx$ を求めよ．

(2) 定積分 $I(a)$ を最小とする a の値，および $I(a)$ の最小値を求めよ．

Q8.23 0 以上の整数 n に対して

$$I_n = \int_0^{\frac{\pi}{4}} \tan^n x \, dx, \quad J_n = \int_0^{\frac{\pi}{4}} \frac{\tan^n x}{\cos^2 x} \, dx$$

とおくとき，次の問いに答えよ．　　　　　　　　　　　　　　　　**→ 例題 8.1**

(1) $t = \tan x$ と置換して，$J_n = \dfrac{1}{n+1} \ (n \geqq 0)$ を示せ．

(2) $I_n + I_{n-2} = J_{n-2} \ (n \geqq 2)$ であることを示せ．

(3) I_0, I_1, I_2, I_3 を求めよ．

例題 8.4

極限値 $\displaystyle\lim_{n\to\infty} \sum_{k=1}^{n} \frac{1}{n+k}$ を求めよ．

解 $\displaystyle\lim_{n\to\infty} \sum_{k=1}^{n} \frac{1}{n+k} = \lim_{n\to\infty} \sum_{k=1}^{n} \frac{1}{1 + \dfrac{k}{n}} \cdot \frac{1}{n}$ と表せる．これは，関数 $f(x) = \dfrac{1}{1+x}$

において，区間 $[0,1]$ を n 等分して，小区間の幅を $\Delta x = \dfrac{1}{n}$，各小区間の右端を $x_k = \dfrac{k}{n}$

にとるとき，区間 $[0,1]$ における $f(x)$ の定積分 $\displaystyle\int_0^1 f(x) \, dx$ の定義式である．したがっ

て，与えられた極限値は，次のような定積分で表すことで求められる．

$$\lim_{n\to\infty} \sum_{k=1}^{n} \frac{1}{n+k} = \lim_{n\to\infty} \sum_{k=1}^{n} \frac{1}{1 + \dfrac{k}{n}} \cdot \frac{1}{n}$$

$$= \lim_{n\to\infty} \sum_{k=1}^{n} f\left(\frac{k}{n}\right) \frac{1}{n}$$

$$= \int_0^1 f(x) \, dx = \int_0^1 \frac{1}{1+x} \, dx$$

$$= \Big[\log(1+x) \Big]_0^1 = \log 2$$

Q8.24 次の極限値を求めよ.

(1) $\displaystyle\lim_{n\to\infty}\sum_{k=1}^{n}\frac{n}{n^2+k^2}$
(2) $\displaystyle\lim_{n\to\infty}\sum_{k=1}^{n}\frac{k}{n^2}\sin\frac{k\pi}{n}$

例題 8.5

定積分と微分の関係(まとめ 8.3)を利用して,関数

$$\int_0^x (x-t)e^{-t}\,dt$$

を x で微分せよ.

解
$$\frac{d}{dx}\int_0^x (x-t)e^{-t}\,dt = \frac{d}{dx}\left(x\int_0^x e^{-t}\,dt - \int_0^x te^{-t}\,dt\right)$$

$$= (x)'\int_0^x e^{-t}\,dt + x\left(\int_0^x e^{-t}\,dt\right)' - \left(\int_0^x te^{-t}\,dt\right)'$$

$$= \int_0^x e^{-t}\,dt + xe^{-x} - xe^{-x} = \int_0^x e^{-t}\,dt = 1 - e^{-x}$$

Q8.25 次の関数を x で微分せよ.

(1) $\displaystyle\int_0^x (x-t)\sin t\,dt$
(2) $\displaystyle\int_0^{2x} e^{t^2}\,dt$

Q8.26 次の式を満たす関数 $f(x)$ と定数 a を求めよ.

(1) $\displaystyle\int_1^x f(t)\,dt = 2x^3 - 3x + a$
(2) $\displaystyle\int_0^x f(t)\,dt = 4x\sin 2x + a$

C

Q8.27 関数 $\displaystyle f(x)=\int_0^x (x+t)^2\sin t\,dt$ に対して,$f'(x), f''(x)$ を求めよ.

(類題:広島大学,長岡技術科学大学)

Q8.28 次の定積分を求めよ.

    (1) $\displaystyle\int_{-a}^{a} x^2\sqrt{a^2-x^2}\,dx$ $(a>0)$ （類題：東京大学）

    (2) $\displaystyle\int_{\frac{\pi}{2}}^{\frac{3\pi}{2}} \frac{\cos x}{\sqrt{1-2a\sin x+a^2}}\,dx$ $(a>0,\ a\neq1)$ （類題：奈良女子大学）

    (3) $\displaystyle\int_{0}^{1} x\sin n\pi x\,dx$ （n は自然数）   （類題：長岡技術科学大学）

    (4) $\displaystyle\int_{0}^{1} x^3 e^{-x^2}\,dx$ （類題：京都工芸繊維大学）

Q8.29 n を 0 以上の整数とし,$I_n=\displaystyle\int_{-\frac{\pi}{2}}^{\frac{\pi}{2}}\sin^n x\,dx$ とおくとき,次の問いに答えよ.

                                    （類題：広島大学,鳥取大学ほか多数）

    (1) I_0, I_1 を求めよ.

    (2) $n\geqq2$ に対して,等式 $I_n=\dfrac{n-1}{n}I_{n-2}$ が成り立つことを示せ.

    (3) I_n を求めよ.

Q8.30 $a>0$ とする.0 以上の整数 m,n に対して $I(m,n)=\displaystyle\int_{0}^{a} x^m(a-x)^n\,dx$
とおくとき,次の問いに答えよ.   （類題：岐阜大学）

    (1) $n\geqq1$ のとき,等式 $I(m,n)=\dfrac{n}{m+1}I(m+1,n-1)$ が成り立つことを
       示せ.

    (2) 定積分 $\displaystyle\int_{0}^{2} x^3(2-x)^3\,dx$ を求めよ.

Q8.31 m,n は自然数とするとき,定積分 $I=\displaystyle\int_{0}^{2\pi}\cos mx\cos nx\,dx$ を求めよ.

                                      （類題：福井大学）

Q8.32 区間 $[a,b]$ でつねに $f(x)\leqq g(x)$ であれば,$\displaystyle\int_{a}^{b}f(x)\,dx\leqq\int_{a}^{b}g(x)\,dx$ が成
り立つ.このことを利用して,2 以上の整数 n に対して不等式

$$\frac{\sqrt{2}}{2}\leqq\int_{0}^{\frac{\sqrt{2}}{2}}\frac{1}{\sqrt{1-x^n}}\,dx\leqq\frac{\pi}{4}$$

が成り立つことを示せ.   （類題：岐阜大学）

9 定積分の応用

9.1 曲線によって囲まれる図形の面積 区間 $[a,b]$ でつねに $f(x) \geqq g(x)$ であるとき，2曲線 $y = f(x)$，$y = g(x)$ と2直線 $x = a$，$x = b$ で囲まれる図形の面積 S は，次の定積分で表される．

$$S = \int_a^b \{f(x) - g(x)\} \, dx$$

9.2 立体の体積 x 軸に垂直な平面で切断したときの断面積が $S(x)$ で表される立体の，$x = a$ から $x = b$ $(a < b)$ の間にある部分の体積 V は，次の定積分で表される．

$$V = \int_a^b S(x) \, dx$$

9.3 回転体の体積 曲線 $y = f(x)$ $(a \leq x \leq b)$ と x 軸および2直線 $x = a$，$x = b$ で囲まれる図形を x 軸のまわりに回転してできる回転体の体積 V は，次の定積分で表される．

$$V = \pi \int_a^b y^2 dx = \pi \int_a^b \{f(x)\}^2 \, dx$$

9.4 位置と速度 数直線上を運動している点 P の，時刻 t における位置を $x(t)$，速度を $v(t)$，加速度を $\alpha(t)$ とすると，次の式が成り立つ．

$$x(t) = x(0) + \int_0^t v(t) \, dt, \quad v(t) = v(0) + \int_0^t \alpha(t) \, dt$$

A

Q9.1 次の曲線や直線で囲まれた図形の面積を求めよ．

(1) 曲線 $y = \sqrt{x}$ と直線 $y = x$

(2) 曲線 $y = \dfrac{2}{x+1}$ と直線 $y = -x + 2$

(3) 曲線 $y = x^3 - 3x$ と x 軸

(4) 曲線 $y = \cos x$ $(0 \leq x \leq 2\pi)$ と直線 $y = 1$

Q9.2 次のような立体の体積を求めよ.

(1) 底面は 1 辺の長さが a の正方形で, 底面からの高さが x の箇所で底面と平行な平面でこの立体を切った切り口は, 1 辺の長さが ae^{-x} の正方形になる. 立体の高さは a とする (図 1).

(2) 底面は半径が $\sqrt{a}$ の円で, 底面からの高さが x の箇所で底面と平行な平面でこの立体を切った切り口は, 半径が $\sqrt{a-x}$ の円になる. 立体の高さは a とする (図 2).

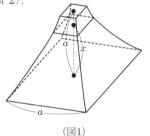
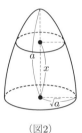

(図1)　　　　　　　　　(図2)

Q9.3 次の曲線や直線で囲まれた図形を x 軸のまわりに回転してできる回転体の体積を求めよ. ただし, a, h は正の定数とする.

(1) 直線 $y = \dfrac{a}{h}x$ と x 軸, および直線 $x = h$

(2) 曲線 $y = \dfrac{1}{x+1}$, 直線 $x = 1$, x 軸, および y 軸

(3) 曲線 $y = \sin x \ (0 \leqq x \leqq \pi)$ と x 軸

(4) 曲線 $y = \sqrt{a^2 - x^2} \ (-a \leqq x \leqq a)$ と x 軸

Q9.4 地上 100 m の地点で, 初速度 29.4 m/s で真上に投げ上げた物体について, 次の問いに答えよ. ただし, 物体の加速度は -9.8 m/s^2 であるとする.

(1) 投げ上げてから t 秒後の速度 $v(t)$ を求めよ.

(2) 投げ上げてから t 秒後の地上からの高さ $x(t)$ を求めよ.

(3) 最高点に達するまでに何秒かかるか.

(4) 投げ上げてから 8 秒後には, 地上から高さ何 m の位置にあるか.

B

Q9.5 次の曲線や直線で囲まれる図形を図示し, その面積を求めよ. **→ まとめ 9.1, Q9.1**

(1) 曲線 $y = x^3$ と直線 $y = 4x$

(2) 曲線 $y = \sin x$ と $y = \sin 2x$ の $0 \leqq x \leqq \pi$ の部分

(3) 楕円 $\dfrac{x^2}{a^2} + \dfrac{y^2}{b^2} = 1$ の内部 (ただし, a, b は正の定数)

Q9.6 次の曲線で囲まれた図形の面積を求めよ. → まとめ 9.1, Q9.1

(1) $y = \dfrac{1}{x}$, $y = x^2$, $y = \dfrac{x^2}{8}$ 　　　(2) $y = 3x^2 - 3$, $y = x^4 - 2x^2 + 1$

Q9.7 曲線 $C : y = x^3 - x^2$ 上の点 $A(1, 0)$ における接線を ℓ とするとき, 次の問いに答えよ. → まとめ 4.6, Q9.1

(1) 接線 ℓ の方程式を求めよ.

(2) 曲線 C と接線 ℓ の共有点で A 以外の点の座標を求めよ.

(3) 曲線 C と接線 ℓ で囲まれた図形を図示し, その面積を求めよ.

Q9.8 a, b を正の定数とするとき, 曲線 $\sqrt{\dfrac{x}{a}} + \sqrt{\dfrac{y}{b}} = 1$, x 軸, および y 軸によって囲まれる図形の面積を求めよ. → Q9.1

Q9.9 xy 平面上の点 $O(0, 0, 0)$, $A(a, 0, 0)$, $B(0, a, 0)$ に対して, △OAB を底面とする立体がある. 線分 OA 上の任意の点 P を通り, x 軸に垂直な平面でこの立体を切った断面が, 右図のように PQ = PR となる直角二等辺三角形になるとき, この立体の体積を求めよ. → まとめ 9.2, Q9.2

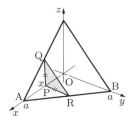

Q9.10 中心が原点にある半径 r の球の体積 V を, 次の 2 通りの方法で求めよ. → まとめ 9.2, 9.3, Q9.2, 9.3

(1) 半径 r の円を直径のまわりに回転してできる回転体と考えて求めよ.

(2) 球の直径に垂直な平面で切断したときの断面積を積分することにより求めよ.

Q9.11 次の曲線や直線で囲まれる図形を x 軸のまわりに回転してできる回転体の体積を求めよ. → まとめ 9.3, Q9.3

(1) 曲線 $y = x^2$ と直線 $y = -x + 2$

(2) 曲線 $y = \log x$, 直線 $x = e$ と x 軸

(3) 曲線 $y = \sin x$, $y = \sin 2x$ の $0 \leqq x \leqq \dfrac{\pi}{3}$ の部分

Q9.12 放物線 $y = ax - x^2$ $(a > 0)$ と x 軸で囲まれた図形を, x 軸のまわりに回転してできる回転体の体積が, この図形を放物線の軸のまわりに回転してできる回転体の体積と等しくなるように, 定数 a の値を定めよ. → まとめ 9.3, Q9.3

Q9.13 不等式 $x^2 + (y - a)^2 \leqq 1$ $(a > 1)$ で表される領域を x 軸のまわりに回転してできる回転体の体積を求めよ. → まとめ 9.3, Q9.3

Q9.14 点 P は原点を出発して数直線上を運動している．時刻 t 秒における速度が $v(t) = \sin \pi t + \sqrt{3} \cos \pi t$ であるとき，次の問いに答えよ．ただし，点 P は時刻 $t = 0$ に原点を出発するものとし，時刻 t における点 P の位置を $x(t)$ とする．

→ **まとめ 9.4, Q9.4**

(1) 点 P が出発してから初めて速度が最大になる時刻を求めよ．

(2) 点 P が出発してから初めて向きを変える時刻を求めよ．

(3) 時刻 t における点 P の位置 $x(t)$ を求めよ．

(4) 点 P が運動する x の範囲を求めよ．

━━━━ **C** ━━━━

Q9.15 a を正の定数とするとき，2 つの曲線 $y = ax^2$, $x = ay^2$ で囲まれた図形の面積を求めよ． （類題：福井大学）

Q9.16 a を正の定数とするとき，2 曲線 $x = -y^2 + ay$ と $y = \sqrt{ax}$ で囲まれた図形の面積を求めよ． （類題：九州大学）

Q9.17 曲線 $x^2 - 2xy + 2y^2 = 2$ で囲まれた図形の面積を求めよ．

（類題：名古屋大学，大阪大学）

Q9.18 関数 $f(x) = \dfrac{2x}{x^2 + 1}$ について，次の問いに答えよ． （類題：豊橋技術科学大学）

(1) この関数のグラフ上の点 $(t, f(t))$ における接線と，関数 $y = f(x)$ のグラフの間にあり，直線 $x = 0$, $x = 1$ で囲まれた部分の面積を $S(t)$ とする．$0 \leq t \leq 1$ とするとき，$S(t)$ を求めよ．

(2) $S(t)$ の最小値を求めよ．ただし，$0 \leq t \leq 1$ とする．

Q9.19 2 つの曲線 $(y-1)^2 = 1 + x$, $(y-1)^2 = 1 - x$ がある．次の問いに答えよ．

（類題：大阪大学）

(1) 2 つの曲線の共有点の座標を求めよ．また，2 つの曲線の概形をかけ．

(2) 2 つの曲線で囲まれる図形の面積 S を求めよ．

(3) 2 つの曲線で囲まれる図形を y 軸のまわりに回転させてできる回転体の体積 V_1 を求めよ．

(4) 2 つの曲線で囲まれる図形を x 軸のまわりに回転させてできる回転体の体積 V_2 を求めよ．

解　答

第1章　数列と関数の極限

第1節　数列とその和

1.1　(1) $-1,\ 3,\ 7,\ a_{10} = 35$

(2) $\dfrac{1}{2},\ \dfrac{2}{5},\ \dfrac{3}{10},\ a_{10} = \dfrac{10}{101}$

(3) $1,\ 0,\ 1,\ a_{10} = 0$

(4) $0,\ -1,\ 0,\ a_{10} = -1$

1.2　(1) $19,\ 22,\ a_n = 3n + 1$

(2) $96,\ 192,\ a_n = 3 \cdot 2^{n-1}$

(3) $6 \cdot 13,\ 7 \cdot 15,\ a_n = n(2n+1)$

(4) $\dfrac{36}{64},\ \dfrac{49}{128},\ a_n = \dfrac{n^2}{2^n}$

1.3　(1) $a_n = 3n - 10$　(2) $a_n = 48 - 6n$

(3) $a_n = \dfrac{3}{2}n - \dfrac{5}{2}$　(4) $a_n = -\sqrt{2}n + 2\sqrt{2}$

1.4　(1) $a = 8,\ d = -4,\ a_n = -4n + 12$

(2) $a = \dfrac{3}{2},\ d = -\dfrac{3}{2},\ a_n = -\dfrac{3}{2}n + 3$

(3) $a = -13,\ d = 3,\ a_n = 3n - 16$

(4) $a = -\dfrac{1}{3},\ d = \dfrac{2}{3},\ a_n = \dfrac{2}{3}n - 1$

1.5　(1) -185　(2) $\dfrac{147}{2}$　(3) 2500

(4) 5083

1.6　(1) $r = 3,\ a_n = 2 \cdot 3^{n-1}$

(2) $r = -2,\ a_n = -5 \cdot (-2)^{n-1}$

(3) $r = \dfrac{2}{3},\ a_n = \left(\dfrac{2}{3}\right)^{n-1}$

(4) $r = \dfrac{3}{2},\ a_n = 8 \cdot \left(\dfrac{3}{2}\right)^{n-1}$

1.7　(1) $a_n = 8 \cdot \left(\dfrac{1}{2}\right)^{n-1}$

(2) $a_n = 18 \cdot \left(-\dfrac{1}{3}\right)^{n-1}$

(3) $r = 2$ のとき $a_n = 3 \cdot 2^{n-1}$,
$r = -2$ のとき $a_n = 3 \cdot (-2)^{n-1}$

(4) $r = \sqrt{2}$ のとき $a_n = 5 \cdot \left(\sqrt{2}\right)^{n-1}$,
$r = -\sqrt{2}$ のとき $a_n = 5 \cdot \left(-\sqrt{2}\right)^{n-1}$

1.8　(1) 513　(2) $\dfrac{728}{81}$　(3) 2186　(4) $\dfrac{171}{64}$

1.9　(1) $(3 \cdot 0 - 2) + (3 \cdot 1 - 2) + (3 \cdot 2 - 2)$

(2) $2 \cdot (-3)^0 + 2 \cdot (-3)^1 + 2 \cdot (-3)^2$

(3) $3 \cdot 2^3 + 4 \cdot 2^4 + 5 \cdot 2^5$　(4) $3^0 + 3^1 + 3^2$

1.10　(1) $\displaystyle\sum_{k=1}^{50}(2k - 1)$

(2) $\displaystyle\sum_{k=3}^{8} k^2$ または $\displaystyle\sum_{k=1}^{6}(k+2)^2$

(3) $\displaystyle\sum_{k=1}^{50}\dfrac{2k-1}{2k}$　(4) $\displaystyle\sum_{k=1}^{n} 2 \cdot (-5)^{k-1}$

1.11　(1) 1830　(2) 2870　(3) 225

(4) 190　(5) 775　(6) $\dfrac{1}{2}(n+3)(n-4)$

1.12　(1) n^2　(2) $n(n+1)^2$

(3) $\dfrac{n(n+1)(n+2)}{3}$

(4) $\dfrac{n(n+1)(n^2+n-1)}{2}$

1.13　(1) $\dfrac{n}{n+1}$　(2) $\dfrac{n}{2(3n+2)}$

1.14　(1) $a_1 = 1,\ a_2 = 5,\ a_3 = 21,$
$a_4 = 85,\ a_5 = 341$

(2) $a_1 = 2,\ a_2 = 5,\ a_3 = 12,$
$a_4 = 27,\ a_5 = 58$

(3) $a_1 = -2,\ a_2 = -\dfrac{1}{2},\ a_3 = \dfrac{1}{4},$
$a_4 = \dfrac{5}{8},\ a_5 = \dfrac{13}{16}$

(4) $a_1 = 1,\ a_2 = 2,\ a_3 = 5,\ a_4 = 26,$
$a_5 = 677$

1.15　(1) $a_n = -5n + 7$

(2) $a_n = (-1)^{n-1} 2^n$　(3) $a_n = 3^{n-1} + 1$

(4) $a_n = \left(\dfrac{1}{2}\right)^{n-2} - 1$

1.16　(1) (i) $n = 1$ のとき,

$$\text{左辺} = 1,\ \text{右辺} = \dfrac{3-1}{2} = 1$$

であるので, $n = 1$ のとき成り立つ.

(ii) $n = k$ のとき成立すると仮定すると,

$$1 + 3 + 3^2 + \cdots + 3^{k-1} = \frac{3^k - 1}{2}$$

である．両辺に 3^k を加えると，

$$1 + 3 + 3^2 + \cdots + 3^{k-1} + 3^k$$

$$= \frac{3^k - 1}{2} + 3^k$$

$$= \frac{3 \cdot 3^k - 1}{2} = \frac{3^{k+1} - 1}{2}$$

よって，$n = k + 1$ のときも成り立つ．

(i), (ii) より，数学的帰納法によりすべての自然数 n に対して成り立つ．

(2) (i) $n = 1$ のとき，

$$左辺 = \frac{1}{1 \cdot 2} = \frac{1}{2}, \ 右辺 = \frac{1}{1+1} = \frac{1}{2}$$

であるので，$n = 1$ のとき成り立つ．

(ii) $n = k$ のとき成り立つと仮定すると，

$$\frac{1}{1 \cdot 2} + \frac{1}{2 \cdot 3} + \cdots + \frac{1}{k(k+1)} = \frac{k}{k+1}$$

である．両辺に $\dfrac{1}{(k+1)(k+2)}$ を加えると，

$$\frac{1}{1 \cdot 2} + \frac{1}{2 \cdot 3} + \cdots + \frac{1}{k(k+1)}$$

$$+ \frac{1}{(k+1)(k+2)}$$

$$= \frac{k}{k+1} + \frac{1}{(k+1)(k+2)}$$

$$= \frac{k(k+2)}{(k+1)(k+2)} + \frac{1}{(k+1)(k+2)}$$

$$= \frac{k^2 + 2k + 1}{(k+1)(k+2)} = \frac{(k+1)^2}{(k+1)(k+2)}$$

$$= \frac{k+1}{k+2} = \frac{k+1}{(k+1)+1}$$

よって，$n = k + 1$ のときも成り立つ．

(i), (ii) より，数学的帰納法によりすべての自然数 n に対して成り立つ．

1.17 (1) $a_n = 2^n - 1$

(2) $a_n = \dfrac{3}{2}\{1 + (-1)^n\}$

(3) $a_n = \dfrac{2n}{(2n-1)(2n+1)}$

(4) $a_n = n!$

1.18 (1) $a_n = -60 + 7(n-1) = 7n - 67$ であるから，$7n - 67 = 80$ を解いて，$n = 21$．80 は第 21 項である．

(2) $a_n = 7n - 67 > 0$ であることから，$n > \dfrac{67}{7} ≒ 9.57$ より，第 10 項で初めて正になる．

1.19 (1) $a_n = -1 + 5(n-1) = 5n - 6$ であるから，$S_n = \dfrac{n(5n-7)}{2}$ である．

(2) 求める和は，$S_{31} - S_{12}$ を計算して，1976 である．

1.20 (1) $a_n = 6n$ であるから，最後の項は 198，項数は 33 である．

(2) 42 から最後の項の 198 までは，初項 42，公差 6，そして項数 27 の等差数列であるから，和の公式により，求める和は 3240 である．

1.21 6 の倍数と 9 の倍数の総和から 18 の倍数の総和を差し引けばよい．6 の倍数の総和は，初項 $102 = 6 \cdot 17$，最後の項 $300 = 6 \cdot 50$，項数 34 の等差数列の和なので，

$$\frac{34 \cdot (102 + 300)}{2} = 6834$$

となる．同様に，9 の倍数の総和は

$$\frac{22 \cdot (108 + 297)}{2} = 4455$$

18 の倍数の総和は

$$\frac{11 \cdot (108 + 288)}{2} = 2178$$

となる．よって，求める和は $6834 + 4455 - 2178 = 9111$ である．

1.22 求める等差数列の初項を a，公差を d とすると，$a_n = a + (n-1)d$ である．

(1) 条件の式は $\{a + (n+2)d\} - \{a + (n-1)d\} = 2$, $a + 3d = -1$ となるので，$3d = 2$, $a + 3d = -1$ である．これを解いて，$a = -3$, $d = \dfrac{2}{3}$ なるので，$a_n = \dfrac{2}{3}n - \dfrac{11}{3}$ である．

(2) 条件の式は $\{a + (2n-1)d\} - 2\{a + (n-1)d\} = 7$, $a + 4d = 3$ となるので，$-a + d = 7$, $a + 4d = 3$ である．これを解いて，$a = -5$, $d = 2$ となるので，$a_n = 2n - 7$ である．

1.23 求める等比数列の初項を a，公比を r とすると，$a_n = ar^{n-1}$ である．

(1) 条件の式は $\dfrac{ar^{n+2}}{ar^{n-1}} = -8$, $ar^3 = 24$ となるので, $r^3 = -8$, $ar^3 = 24$ である. これを解いて, $r = -2$, $a = -3$ となるので, $a_n = -3 \cdot (-2)^{n-1}$ である.

(2) 条件の式は $\dfrac{ar^{2n-1}}{(ar^{n-1})^2} = 81$, $ar^4 = -3$ となるので, $\dfrac{r}{a} = 81$, $ar^4 = -3$ である. これを解いて, $r = -3$, $a = -\dfrac{1}{27}$ となるので, $a_n = -\dfrac{1}{27} \cdot (-3)^{n-1} = (-3)^{n-4}$ である.

1.24 (1) 公差を d とする. $b = a + d$, $c = a + 2d$ を $c^2 = a^2 + b^2$ に代入して, $a^2 - 2ad - 3d^2 = 0$ となるから, $a = -d$ または $a = 3d$ である. $a > 0$, $d > 0$ なので, $a = 3d$ であり, したがって $b = 4d$, $c = 5d$ となるから, $a : b : c = 3d : 4d : 5d = 3 : 4 : 5$ である.

(2) 公比を r (> 0) とする. $b = ar$, $c = ar^2$ を $c^2 = a^2 + b^2$ に代入して, $r^4 = 1 + r^2$ である. $(r^2)^2 - r^2 - 1 = 0$ を 2 次方程式の解の公式を用いて r^2 について解くと $r^2 > 0$ であるから, $r^2 = \dfrac{1 + \sqrt{5}}{2}$ である. $r > 0$ であるから, $r = \sqrt{\dfrac{1 + \sqrt{5}}{2}}$ となる.

1.25 $S_n = \dfrac{2(3^n - 1)}{3 - 1} = 3^n - 1$ より

$3^n - 1 > 99999$ であるから, $3^n > 100000$ を満たす最小の自然数 n を求めればよい. 両辺の常用対数をとると, $n \log_{10} 3 > \log_{10} 100000$ より, $n > \dfrac{\log_{10} 10^5}{\log_{10} 3} = \dfrac{5}{0.4771} \fallingdotseq 10.48$ であるから, n の最小値は 11 である.

1.26 (1) $S_1 = \dfrac{1}{2}$, $S_2 = \dfrac{1}{4}$, $S_3 = \dfrac{1}{8}$

(2) S_n の 1 辺の長さを r_n とすると,

$$r_n = \dfrac{1}{\sqrt{2}} \left(\dfrac{1}{\sqrt{2}} \right)^{n-1} = \left(\dfrac{1}{\sqrt{2}} \right)^n$$

となるので, S_n の面積は $r_n^2 = \dfrac{1}{2^n}$ である. したがって, S_1 から S_n までの面積の総和は

$$\dfrac{1}{2} + \dfrac{1}{4} + \dfrac{1}{8} + \cdots + \left(\dfrac{1}{2} \right)^n$$

$$= \dfrac{\dfrac{1}{2} \left\{ 1 - \left(\dfrac{1}{2} \right)^n \right\}}{1 - \dfrac{1}{2}} = 1 - \left(\dfrac{1}{2} \right)^n$$

となる. $1 - \left(\dfrac{1}{2} \right)^n > 0.9999$ となるのは, $\left(\dfrac{1}{2} \right)^n < 0.0001$ のときなので, $2^{-n} < 10^{-4}$ である. 両辺の常用対数をとることにより $-n \log_{10} 2 < -4$ となるから,

$$n > \dfrac{4}{\log_{10} 2} = \dfrac{4}{0.3010} \fallingdotseq 13.28$$

となる. これより, n の最小値は 14 である.

1.27 n 番目のグループの最初の数は, $(n-1)$ 番目までの各グループに属する数の個数の合計に 1 を加えた数であるから,

$$1 + 2 + 3 + \cdots + (n-1) + 1 = \dfrac{(n-1)n}{2} + 1$$

である. したがって, n 番目のグループの最後の数は, $\dfrac{(n-1)n}{2} + n$ である. n 番目のグループ内の項数は n なので, その和は次のように表される. $\dfrac{(n-1)n}{2}$ は定数であるから,

$$\sum_{k=1}^{n} \left\{ \dfrac{(n-1)n}{2} + k \right\}$$

$$= \dfrac{(n-1)n}{2} \cdot n + \dfrac{n(n+1)}{2} = \dfrac{n(n^2+1)}{2}$$

1.28 n 番目のグループの最初の数は, $(n-1)$ 番目までの各グループに属する数の個数の合計に 1 を加えた数であるから, n 番目のグループの最初の数は $\left\{ \dfrac{(n-1)n}{2} + 1 \right\}^2$ であり, そのグループの最後の数は $\left\{ \dfrac{(n-1)n}{2} + n \right\}^2$ である. n 番目のグループの項数は n なので, その和は次のように表される.

$$\sum_{k=1}^{n} \left\{ \dfrac{(n-1)n}{2} + k \right\}^2$$

$$= \sum_{k=1}^{n} \left\{ \dfrac{(n-1)^2 n^2}{4} + (n-1)nk + k^2 \right\}$$

$$= \frac{(n-1)^2 n^2}{4} \sum_{k=1}^{n} 1 + (n-1)n \sum_{k=1}^{n} k + \sum_{k=1}^{n} k^2$$

$$= \frac{(n-1)^2 n^2}{4} \cdot n + (n-1)n \cdot \frac{n(n+1)}{2}$$

$$\quad + \frac{n(n+1)(2n+1)}{6}$$

$$= \frac{1}{12} n \left\{ 3(n-1)^2 n^2 + 6n(n-1)(n+1) \right.$$

$$\qquad \left. + 2(n+1)(2n+1) \right\}$$

$$= \frac{1}{12} n (n^2 + 2)(3n^2 + 1)$$

1.29 (1) $\displaystyle \sum_{k=1}^{n} k(k+1)(k+2)$

$$= \sum_{k=1}^{n} k^3 + 3 \sum_{k=1}^{n} k^2 + 2 \sum_{k=1}^{n} k$$

$$= \frac{n^2(n+1)^2}{4} + 3 \cdot \frac{n(n+1)(2n+1)}{6}$$

$$\quad + 2 \cdot \frac{n(n+1)}{2}$$

$$= \frac{n(n+1)\{n(n+1) + 2(2n+1) + 4\}}{4}$$

$$= \frac{n(n+1)(n+2)(n+3)}{4}$$

(2) $\displaystyle \sum_{k=1}^{n} \frac{1}{k^2 + 4x + 3}$

$$= \sum_{k=1}^{n} \frac{1}{(k+1)(k+3)}$$

$$= \frac{1}{2} \sum_{k=1}^{n} \left(\frac{1}{k+1} - \frac{1}{k+3} \right)$$

$$= \frac{1}{2} \left\{ \left(\frac{1}{2} - \frac{1}{4} \right) + \left(\frac{1}{3} - \frac{1}{5} \right) + \cdots \right.$$

$$\qquad \left. + \left(\frac{1}{n} - \frac{1}{n+2} \right) + \left(\frac{1}{n+1} - \frac{1}{n+3} \right) \right\}$$

$$= \frac{1}{2} \left(\frac{1}{2} + \frac{1}{3} - \frac{1}{n+2} - \frac{1}{n+3} \right)$$

$$= \frac{n(5n+13)}{12(n+2)(n+3)}$$

(3) $(k+1)! - k! = k!(k+1) - k! = k! \cdot k$ であることから,

$$\sum_{k=1}^{n} \frac{k}{(k+1)!}$$

$$= \sum_{k=1}^{n} \left\{ \frac{1}{k!} - \frac{1}{(k+1)!} \right\}$$

$$= \left(\frac{1}{1!} - \frac{1}{2!} \right) + \left(\frac{1}{2!} - \frac{1}{3!} \right)$$

$$\quad + \cdots + \left\{ \frac{1}{n!} - \frac{1}{(n+1)!} \right\}$$

$$= 1 - \frac{1}{(n+1)!}$$

(4) $\displaystyle \sum_{k=1}^{n} \frac{1}{\sqrt{k+1} + \sqrt{k}}$

$$= \sum_{k=1}^{n} \frac{\sqrt{k+1} - \sqrt{k}}{(\sqrt{k+1} + \sqrt{k})(\sqrt{k+1} - \sqrt{k})}$$

$$= \sum_{k=1}^{n} \left(\sqrt{k+1} - \sqrt{k} \right)$$

$$= (\sqrt{2} - \sqrt{1}) + (\sqrt{3} - \sqrt{2}) + \cdots$$

$$\quad + (\sqrt{n+1} - \sqrt{n})$$

$$= \sqrt{n+1} - 1$$

1.30 (1) $\displaystyle \sum_{k=1}^{n} 1 = n$ であるから,

$$\sum_{n=1}^{m} \left(\sum_{k=1}^{n} 1 \right) = \sum_{n=1}^{m} n = \frac{m(m+1)}{2}$$

(2) $\displaystyle \sum_{k=1}^{n} k = \frac{n(n+1)}{2}$ であるから,

$$\sum_{n=1}^{m} \left(\sum_{k=1}^{n} k \right)$$

$$= \sum_{n=1}^{m} \frac{n^2 + n}{2}$$

$$= \frac{1}{2} \left(\sum_{n=1}^{m} n^2 + \sum_{n=1}^{m} n \right)$$

$$= \frac{1}{2} \left\{ \frac{m(m+1)(2m+1)}{6} + \frac{m(m+1)}{2} \right\}$$

$$= \frac{1}{2} \cdot \frac{m(m+1)}{6} \{(2m+1) + 3\}$$

$$= \frac{m(m+1)(m+2)}{6}$$

1.31 (1) $b_n = a_{n+1} - a_n$ とおくと，数列 $\{b_n\}$ は $2, 4, 6, 8, 10, \ldots$ となるので，$b_n = 2n$ である．したがって，$n \geqq 2$ のとき，

$$a_n = a_1 + \sum_{k=1}^{n-1} b_k = 2 + \sum_{k=1}^{n-1} 2k$$

$$= 2 + 2 \cdot \frac{(n-1)n}{2} = n^2 - n + 2$$

である．この式は，$n = 1$ のときも成り立つ．したがって，求める一般項は $a_n = n^2 - n + 2$ である．

(2) $b_n = a_{n+1} - a_n$ とおくと，数列 $\{b_n\}$ は $3, 9, 27, 81, 243, \ldots$ となるので，$b_n = 3^n$ である．したがって，$n \geqq 2$ のとき，

$$a_n = a_1 + \sum_{k=1}^{n-1} b_k = 1 + \sum_{k=1}^{n-1} 3^k$$

$$= 1 + 3 + 3^2 + \cdots + 3^{n-1} = \frac{3^n - 1}{2}$$

である．この式は，$n = 1$ のときも成り立つ．したがって，求める一般項は $a_n = \dfrac{3^n - 1}{2}$ である．

1.32 (1) $\{a_n\}$ は初項 2，公差 1 の等差数列であるから，$a_n = 2 + (n-1) \cdot 1 = n + 1$ である．

(2) 階差数列を $\{b_n\}$ とすると，$b_n = 2n$ であるから，$n \geqq 2$ のとき $a_n = a_1 + \displaystyle\sum_{k=1}^{n-1} 2k$

より，$a_n = 1 + 2 \cdot \dfrac{(n-1)n}{2} = n^2 - n + 1$ である．これは，$n = 1$ のときも成り立つ．したがって，求める一般項は $a_n = n^2 - n + 1$ である．

1.33 (i) $n = 1$ のとき，左辺 $= a_1 = 1$, 右辺 $= 2^1 - 1 = 1$ であるから，$n = 1$ のとき成り立つ．

(ii) $n = k$ のとき成り立つと仮定すると，$a_k = 2^k - 1$ である．漸化式より

$$a_{k+1} = 2a_k + 1 = 2(2^k - 1) + 1 = 2^{k+1} - 1$$

であるから，$n = k + 1$ のときも成り立つ．

(i), (ii) より，数学的帰納法によりすべての自然数 n に対して成り立つ．

1.34 (1) (i) $n = 1$ のとき，

左辺 $= 1 \cdot 1! = 1$, 右辺 $= (1 + 1)! - 1 = 1$

よって，$n = 1$ のとき成り立つ．

(ii) $n = k$ のとき成り立つと仮定すると，

$$1 \cdot 1! + 2 \cdot 2! + 3 \cdot 3! + \cdots + k \cdot k! = (k+1)! - 1$$

両辺に $(k+1)(k+1)!$ を加えると，

$$1 \cdot 1! + 2 \cdot 2! + 3 \cdot 3! + \cdots + k \cdot k!$$
$$+ (k+1)(k+1)!$$
$$= (k+1)! - 1 + (k+1)(k+1)!$$
$$= (k+1)!(1 + k + 1) - 1$$
$$= (k+1)!(k+2) - 1 = (k+2)! - 1$$

よって，$n = k + 1$ のときも成り立つ．

(i), (ii) より，数学的帰納法によりすべての自然数 n について成り立つ．

(2) (i) $n = 2$ のとき，

左辺 $= 1 - \dfrac{1}{2^2} = \dfrac{3}{4}$ 右辺 $= \dfrac{2+1}{2 \cdot 2} = \dfrac{3}{4}$

よって，$n = 2$ のとき成り立つ．

(ii) $n = k$ $(k \geqq 2)$ のとき成り立つと仮定すると，

$$\left(1 - \frac{1}{2^2}\right)\left(1 - \frac{1}{3^2}\right) \cdot \cdots \cdot \left(1 - \frac{1}{k^2}\right)$$
$$= \frac{k+1}{2k}$$

このとき，両辺に $1 - \dfrac{1}{(k+1)^2}$ をかけると，

$$\left(1 - \frac{1}{2^2}\right)\left(1 - \frac{1}{3^2}\right) \cdot \cdots \cdot \left(1 - \frac{1}{k^2}\right)$$
$$\cdot \left(1 - \frac{1}{(k+1)^2}\right)$$
$$= \frac{k+1}{2k}\left(1 - \frac{1}{(k+1)^2}\right)$$
$$= \frac{k+1}{2k} \cdot \frac{(k+1)^2 - 1}{(k+1)^2} = \frac{(k+1)^2 - 1}{2k(k+1)}$$
$$= \frac{k+2}{2(k+1)} = \frac{(k+1) + 1}{2(k+1)}$$

よって，$n = k + 1$ のときも成り立つ．

(i), (ii) より，数学的帰納法により $n \geqq 2$ となるすべての自然数 n について成り立つ．

1.35 (i) $n = 2$ のとき，左辺 $= \dfrac{1}{1^2} + \dfrac{1}{2^2}$

$= \dfrac{5}{4}$, 右辺 $= 2 - \dfrac{1}{2} = \dfrac{3}{2}$ であり，$\dfrac{5}{4} < \dfrac{3}{2}$ であるので，$n = 2$ のとき成り立つ.

(ii) $n = k\ (k \geqq 2)$ のとき成り立つと仮定すると，

$$\frac{1}{1^2} + \frac{1}{2^2} + \frac{1}{3^2} + \cdots + \frac{1}{k^2} < 2 - \frac{1}{k}$$

である．両辺に $\dfrac{1}{(k+1)^2}$ を加えると，

$$\frac{1}{1^2} + \frac{1}{2^2} + \cdots + \frac{1}{k^2} + \frac{1}{(k+1)^2}$$

$$< 2 - \frac{1}{k} + \frac{1}{(k+1)^2}$$

$$= 2 - \frac{(k+1)^2 - k}{k(k+1)^2}$$

$$= 2 - \frac{k^2 + k + 1}{k(k+1)^2}$$

$$< 2 - \frac{k^2 + k}{k(k+1)^2} = 2 - \frac{1}{k+1}$$

したがって，次の不等式が成り立つ.

$$\frac{1}{1^2} + \frac{1}{2^2} + \frac{1}{3^2} + \cdots + \frac{1}{(k+1)^2} < 2 - \frac{1}{k+1}$$

よって，$n = k + 1$ のときも成り立つ.

(i), (ii) より，数学的帰納法により $n \geqq 2$ となるすべての自然数 n に対して成り立つ.

1.36 $S_n = c + 2c^2 + 3c^3 + \cdots + nc^n$

$$cS_n = \quad c^2 + 2c^3 + 3c^4 \\ \qquad\qquad + \cdots + (n-1)c^n + nc^{n+1}$$

であるから，両辺の差をとって

$S_n - cS_n = c + c^2 + c^3 + \cdots + c^n - nc^{n+1}$

$$= \frac{c(1 - c^n)}{1 - c} - nc^{n+1}$$

$$= \frac{c(1 - c^n) - nc^{n+1}(1 - c)}{1 - c}$$

$$= \frac{c - (n+1)c^{n+1} + nc^{n+2}}{1 - c}$$

である．したがって，S_n は次の式で表される.

$$S_n = \frac{c - (n+1)c^{n+1} + nc^{n+2}}{(1 - c)^2}$$

第 2 節　数列の極限

2.1 (1) $\dfrac{3}{2}$　(2) $-\dfrac{5}{3}$　(3) $\dfrac{1}{2}$　(4) 0

2.2 (1) ∞ に発散　(2) $-\infty$ に発散

(3) 3 に収束　(4) 1 に収束

(5) 0 に収束　(6) 振動

2.3 (1) ∞ に発散　(2) 0 に収束

(3) 0 に収束　(4) 振動

2.4 (1) 1 に収束　(2) 1 に収束

(3) ∞ に発散

2.5 (1) $\lim\limits_{n \to \infty} a_n = 1 \neq 0$, 発散

以下，部分和を S_n とする.

(2) $S_n = \dfrac{1}{3} \displaystyle\sum_{k=1}^{n} \left(\dfrac{1}{3k-2} - \dfrac{1}{3k+1} \right)$

$= \dfrac{1}{3} \left(1 - \dfrac{1}{3n+1} \right)$, 収束する．和は $\dfrac{1}{3}$

(3) $S_n = -\sqrt{2} + \sqrt{n+2}$, ∞ に発散

(4) $S_n = 1 - \dfrac{1}{\sqrt{n+1}}$, 収束する．和は 1

2.6 (1) 収束する．和は 18

(2) 収束する．和は 4　(3) ∞ に発散

(4) 発散

2.7 (1) $\dfrac{11}{90}$　(2) $\dfrac{122}{99}$　(3) $\dfrac{71}{33}$　(4) $\dfrac{128}{111}$

2.8 (1) 収束する．和は 0

(2) 収束する．和は $\dfrac{79}{3}$

(3) 収束する．和は $\dfrac{11}{3}$

(4) 収束する．和は 6

2.9 $n \to \infty$ のとき $\dfrac{1}{n} \to 0$ となることや，$n = \sqrt{n^2}$ であることを利用する.

(1) $\displaystyle\lim_{n \to \infty} \dfrac{\sqrt{n+3}}{2n+1}$

$= \displaystyle\lim_{n \to \infty} \dfrac{\sqrt{\dfrac{1}{n} + \dfrac{3}{n^2}}}{2 + \dfrac{1}{n}} = 0$

(2) $\displaystyle\lim_{n \to \infty} \dfrac{\sqrt{n^2 - 1}}{n + \sqrt{5 + n^2}}$

$= \displaystyle\lim_{n \to \infty} \dfrac{\sqrt{1 - \dfrac{1}{n^2}}}{1 + \sqrt{\dfrac{5}{n^2} + 1}} = \dfrac{1}{2}$

(3) $\displaystyle\lim_{n \to \infty} \dfrac{n^2}{1 + 2 + 3 + \cdots + n}$

$$= \lim_{n \to \infty} \frac{n^2}{\frac{1}{2}n(n+1)} = \lim_{n \to \infty} \frac{2n}{n+1}$$

$$= \lim_{n \to \infty} \frac{2}{1+\frac{1}{n}} = 2$$

(4) $\displaystyle \lim_{n \to \infty} \frac{n^3+3}{1^2+2^2+3^2+\cdots+n^2}$

$$= \lim_{n \to \infty} \frac{n^3+3}{\frac{1}{6}n(n+1)(2n+1)}$$

$$= \lim_{n \to \infty} \frac{6(n^3+3)}{n(n+1)(n+2)}$$

$$= \lim_{n \to \infty} \frac{6\left(1+\frac{3}{n^3}\right)}{1 \cdot \left(1+\frac{1}{n}\right)\left(2+\frac{1}{n}\right)} = 3$$

2.10　(1) $\displaystyle \lim_{n \to \infty} \left(\sqrt{n^2+n}-n\right)$

$$= \lim_{n \to \infty} \frac{(n^2+n)-n^2}{\sqrt{n^2+n}+n}$$

$$= \lim_{n \to \infty} \frac{n}{\sqrt{n^2+n}+n}$$

$$= \lim_{n \to \infty} \frac{1}{\sqrt{1+\frac{1}{n}}+1} = \frac{1}{2}, \quad \frac{1}{2} \text{ に収束}$$

(2) $\displaystyle \lim_{n \to \infty} \frac{2 \cdot 3^n}{3^n-2^n} = \lim_{n \to \infty} \frac{2}{1-\left(\frac{2}{3}\right)^n}$

$= 2$, 2 に収束

(3) $\displaystyle \lim_{n \to \infty} (2^n-3^n) = \lim_{n \to \infty} 3^n\left\{\left(\frac{2}{3}\right)^n-1\right\}$

$= -\infty$, $-\infty$ に発散

(4) $\displaystyle \lim_{n \to \infty} \{2\log_2 n - \log_2(n^2+1)\}$

$$= \lim_{n \to \infty} \log_2 \frac{n^2}{n^2+1}$$

$$= \lim_{n \to \infty} \log_2 \frac{1}{1+\frac{1}{n^2}} = \log_2 1 = 0,$$

0 に収束

2.11　(1) 分子は $(n+n+\cdots+n)+(1+2+\cdots+n)$ と変形できるので,

$$\text{与式} = \lim_{n \to \infty} \frac{n \cdot n + \frac{n(n+1)}{2}}{\frac{n(n+1)}{2}}$$

$$= \lim_{n \to \infty} \frac{3n^2+n}{n^2+n}$$

$$= \lim_{n \to \infty} \frac{3+\frac{1}{n}}{1+\frac{1}{n}} = 3$$

(2) 分子は $\{1^2+2^2+\cdots+(2n)^2\} - (1^2+2^2+\cdots+n^2)$ と変形できるので,

$$\text{与式} = \lim_{n \to \infty} \left\{ \frac{1^2+2^2+\cdots+(2n)^2}{1^2+2^2+\cdots+n^2} \right.$$

$$\left. - \frac{1^2+2^2+\cdots+n^2}{1^2+2^2+\cdots+n^2} \right\}$$

$$= \lim_{n \to \infty} \left\{ \frac{\frac{2n(2n+1)\{2(2n)+1\}}{6}}{\frac{n(n+1)(2n+1)}{6}} - 1 \right\}$$

$$= \lim_{n \to \infty} \left\{ \frac{2(2n+1)(4n+1)}{(n+1)(2n+1)} - 1 \right\}$$

$$= \lim_{n \to \infty} \left\{ \frac{2\left(2+\frac{1}{n}\right)\left(4+\frac{1}{n}\right)}{\left(1+\frac{1}{n}\right)\left(2+\frac{1}{n}\right)} - 1 \right\}$$

$$= \frac{2 \cdot 2 \cdot 4}{1 \cdot 2} - 1 = 7$$

2.12　公比 $\frac{3t}{4}$ の等比数列であるので,

$-1 < \frac{3t}{4} \leqq 1$ のときに収束する. したがって, $-\frac{4}{3} < t < \frac{4}{3}$ のときは 0 に収束し,

$t = \frac{4}{3}$ のときは 2 に収束する.

2.13　初項 a, 公比を r の等比級数が収束するのは, $|r| < 1$ のときであり, その和は $\frac{a}{1-r}$ である.

(1) $r = 2 > 1$ であるから ∞ に発散する.

(2) $r = \frac{3}{10}$ であり, $|r| = \frac{3}{10} < 1$ であるから収束する. 和は $\frac{9}{1-\frac{3}{10}} = \frac{90}{7}$ である.

(3) $r = \frac{1}{\sqrt{2}}$ であり, $|r| = \frac{1}{\sqrt{2}} < 1$ であるから収束する. 和は $\frac{1}{1-\frac{1}{\sqrt{2}}} = \frac{\sqrt{2}}{\sqrt{2}-1}$

$= \sqrt{2}(\sqrt{2}+1) = 2+\sqrt{2}$ である.

(4) $r = -\left(\sqrt{5}-2\right)$ であり,

$|r| = \left|-\left(\sqrt{5}-2\right)\right| = 0.236\cdots < 1$ であるから収束する. 和は $\dfrac{1}{1+(\sqrt{5}-2)} =$

$\dfrac{1}{\sqrt{5}-1} = \dfrac{\sqrt{5}+1}{4}$ である.

2.14 (1) $\displaystyle\sum_{n=1}^{\infty}\left(\frac{3}{4}\right)^n = \dfrac{\frac{3}{4}}{1-\frac{3}{4}} = 3,$

$\displaystyle\sum_{n=1}^{\infty}\frac{1}{3^n} = \dfrac{\frac{1}{3}}{1-\frac{1}{3}} = \dfrac{1}{2}$ であるから, 与えられた級数も収束し,

$$\sum_{n=1}^{\infty}\left\{\left(\frac{3}{4}\right)^n - \frac{1}{3^n}\right\} = 3 - \frac{1}{2} = \frac{5}{2}$$

である. よって, 和は $\dfrac{5}{2}$ である.

(2) $\left\{\cos\dfrac{n\pi}{2}\right\}$ は, $0, -1, 0, 1$ が繰り返される数列である. 偶数番目だけを考えればよいから,

$$\sum_{n=1}^{\infty}\left(\frac{1}{2}\right)^n \cos\frac{n\pi}{2}$$

$$= -\left(\frac{1}{2}\right)^2 + \left(\frac{1}{2}\right)^4 - \left(\frac{1}{2}\right)^6 + \cdots$$

$$= \frac{-\dfrac{1}{4}}{1-\left(-\dfrac{1}{4}\right)} = -\frac{1}{5}$$

よって, 収束し, その和は $-\dfrac{1}{5}$ である.

2.15　公比を r とする.

(1) $r = \dfrac{x}{3}$ であるから, 収束するのは, $\left|\dfrac{x}{3}\right| < 1$ より $-3 < x < 3$ のときである. 和は $\dfrac{3}{3-x}$ である.

(2) $r = 1-x$ であるから, 収束するのは, $|1-x| < 1$ より $-1 < 1-x < 1$ であるから, $0 < x < 2$ のときである. 和は 1 である.

(3) $r = \dfrac{1}{x^2+1}$ であり $x \neq 0$ なので, つねに $x^2+1 > 1$ であるから, $0 < \dfrac{1}{x^2+1} < 1$ である. したがって, この級数は $x \neq 0$ と

なるすべての実数 x に対して収束する. 和は $\dfrac{x^2}{1-\dfrac{1}{x^2+1}} = x^2+1$ である.

(4) $r = x(1-x)$ であるから, 収束するのは, $|x(1-x)| < 1$ より, 連立不等式 $-1 < x - x^2 < 1$ を解くことにより, $\dfrac{1-\sqrt{5}}{2} < x < \dfrac{1+\sqrt{5}}{2}$ のときである. 和は $\dfrac{1}{1-x(1-x)} = \dfrac{1}{x^2-x+1}$ である.

2.16 (1) 定義式より, すべての自然数 n に対して $a_n > 0$ である. また,

$$a_n - a_{n+1} = a_n - \frac{1}{2}\left(a_n + \frac{3}{a_n}\right)$$

$$= \frac{a_n}{2} - \frac{3}{2a_n} = \frac{a_n^2 - 3}{2a_n}$$

$$= \frac{\left(a_n + \sqrt{3}\right)\left(a_n - \sqrt{3}\right)}{2a_n}$$

であるので, $a_n \geqq a_{n+1}$ を示すには $a_n \geqq \sqrt{3}$ を示せばよい.

相加・相乗平均の関係を利用すると,

$$a_{n+1} = \frac{1}{2}\left(a_n + \frac{3}{a_n}\right)$$

$$\geqq \sqrt{a_n \cdot \frac{3}{a_n}} = \sqrt{3}$$

よって, $n \geqq 2$ のとき $a_n \geqq \sqrt{3}$ である. $n = 1$ のときは, $a_1 = 2 > \sqrt{3}$ であるから, すべての自然数 n に対して $a_n \geqq \sqrt{3}$ である. したがって, $a_n \geqq a_{n+1}$ も示された.

(2) $\displaystyle\lim_{n\to\infty} a_n = \alpha$ であれば, $\displaystyle\lim_{n\to\infty} a_{n+1} = \alpha$ であるから, $n \to \infty$ のとき,

$$\alpha = \frac{1}{2}\left(\alpha + \frac{3}{\alpha}\right)\quad \text{したがって}\quad \alpha^2 = 3$$

が成り立つ. $\alpha \geqq 0$ であるから, $\alpha = \sqrt{3}$ である.

2.17 (1) $\triangle P_1 P_2 P_3$ は辺の長さの比が $1:2:\sqrt{3}$ の直角三角形であるから, $P_2 P_3 = \dfrac{\sqrt{3}}{2}a$ である. $\triangle P_2 P_3 P_4$ と $\triangle P_3 P_4 P_5$ についても同様であるので,

$$P_3 P_4 = \left(\frac{\sqrt{3}}{2}\right)^2 a,\quad P_4 P_5 = \left(\frac{\sqrt{3}}{2}\right)^3 a$$

である.

(2) OX 線上に下ろした垂線の長さの和は,

$$a + \left(\frac{\sqrt{3}}{2}\right)^2 a + \left(\frac{\sqrt{3}}{2}\right)^4 a + \cdots$$

である. これは, 初項が a で公比が

$\left(\dfrac{\sqrt{3}}{2}\right)^2 = \dfrac{3}{4}$ の等比級数であるから収束

し, 和は $4a$ である.

(3) OY 線上に下ろした垂線の長さの和は,

$$\frac{\sqrt{3}}{2}a + \left(\frac{\sqrt{3}}{2}\right)^3 a + \cdots$$

である. これは, 初項が $\dfrac{\sqrt{3}}{2}a$ で公比が

$\left(\dfrac{\sqrt{3}}{2}\right)^2 = \dfrac{3}{4}$ の等比級数であるから収束

し, 和は $2\sqrt{3}a$ である.

2.18 第 n 部分和を S_n とすると,

$$S_n = \sum_{k=1}^{n} \frac{1}{k(k+2)}$$

$$= \frac{1}{2} \sum_{k=1}^{n} \left(\frac{1}{k} - \frac{1}{k+2}\right)$$

$$= \frac{1}{2}\left\{\left(1 - \frac{1}{3}\right) + \left(\frac{1}{2} - \frac{1}{4}\right)\right.$$

$$+ \left(\frac{1}{3} - \frac{1}{5}\right) + \left(\frac{1}{4} - \frac{1}{6}\right)$$

$$+ \cdots + \left(\frac{1}{n-1} - \frac{1}{n+1}\right)$$

$$\left. + \left(\frac{1}{n} - \frac{1}{n+2}\right)\right\}$$

$$= \frac{1}{2}\left(1 + \frac{1}{2} - \frac{1}{n+1} - \frac{1}{n+2}\right)$$

したがって, 求める級数の和 S は, 次のようになる.

$$S = \lim_{n \to \infty} S_n$$

$$= \frac{1}{2} \lim_{n \to \infty} \left(1 + \frac{1}{2} - \frac{1}{n+1} - \frac{1}{n+2}\right)$$

$$= \frac{3}{4}$$

2.19 $\displaystyle\lim_{n \to \infty} \frac{1}{n^3} \sum_{k=1}^{n} (k+1)^2$

$$= \lim_{n \to \infty} \frac{1}{n^3} \sum_{k=1}^{n} (k^2 + 2k + 1)$$

$$= \lim_{n \to \infty} \frac{1}{n^3}\left\{\frac{n(n+1)(2n+1)}{6}\right.$$

$$\left. + 2 \cdot \frac{n(n+1)}{2} + n\right\}$$

$$= \lim_{n \to \infty} \left\{\frac{1}{6}\left(1 + \frac{1}{n}\right)\left(2 + \frac{1}{n}\right)\right.$$

$$\left. + \frac{1}{n}\left(1 + \frac{1}{n}\right) + \frac{1}{n^2}\right\}$$

$$= \frac{1}{3}$$

第3節　関数とその極限

3.1 (1) $y = u^3$, $u = x^2 + 1$

(2) $y = \dfrac{1}{u}$, $u = 2x + 1$

(3) $y = \sin u$, $u = 2 - 3x$

(4) $y = \log_{10} u$, $u = x^2 + 1$

3.2 $f(g(x)), g(f(x))$ の順に示す.

(1) $\dfrac{1}{x^2} + 1$, $\quad \dfrac{1}{x^2 + 1}$

(2) $\sqrt{x^2 + 1}$, $\quad x + 1$

(3) $2^{-\frac{1}{x}}$, $\quad 2^x$

(4) $\sin(2x + 1)$, $\quad 2\sin x + 1$

3.3 (1) $y = \dfrac{1}{2}x - \dfrac{3}{2}$ (2) $y = \sqrt{x+1}$

(3) $y = \dfrac{1}{x} - 3$ (4) $y = -x^2 + 2 \ (x \geq 0)$

3.4 (1) $\dfrac{\pi}{3}$ (2) $\dfrac{\pi}{3}$ (3) $\dfrac{\pi}{3}$ (4) $-\dfrac{\pi}{4}$

(5) π (6) $-\dfrac{\pi}{6}$

3.5 (1) 4 (2) $\dfrac{7}{2}$ (3) $-\dfrac{3}{2}$ (4) $\dfrac{8}{9}$

(5) 2 (6) 3

3.6 (1) $\dfrac{3}{2}$ (2) $\dfrac{1}{3}$ (3) 2 (4) 0

(5) 0 (6) 0

3.7 (1) ∞ に発散 (2) $-\infty$ に発散

(3) 0 に収束 (4) ∞ に発散

(5) 1 に収束 (6) 発散

3.8 (1) 1 に収束 (2) $-\infty$ に発散

(3) ∞ に発散 (4) ∞ に発散

3.9 (1) 1 (2) 3 (3) 12 (4) 2

3.10 (1) $y = \tan \dfrac{x}{2}$ より $\dfrac{x}{2} = \tan^{-1} y$ であるから, $x = 2\tan^{-1} y$ である. x, y を交換

して，求める逆関数は $y = 2\tan^{-1} x$ である．

(2) $y = \sin^{-1} 3x$ より，$3x = \sin y$ であるから，$x = \dfrac{1}{3}\sin y$ $\left(-\dfrac{\pi}{2} \le y \le \dfrac{\pi}{2}\right)$ である．x, y を交換して，求める逆関数は
$y = \dfrac{1}{3}\sin x$ $\left(-\dfrac{\pi}{2} \le x \le \dfrac{\pi}{2}\right)$ である．

(3) $y = \dfrac{2^x - 2^{-x}}{2} = \dfrac{1}{2}\left(2^x - \dfrac{1}{2^x}\right)$

$= \dfrac{(2^x)^2 - 1}{2 \cdot 2^x}$ である．分母を払って整理すると，$(2^x)^2 - 2y\cdot 2^x - 1 = 0$ となる．2 次方程式の解の公式により，
$$2^x = y \pm \sqrt{y^2 + 1}$$
となる．$2^x > 0$ なので，$2^x = y + \sqrt{y^2 + 1}$ であるから，$x = \log_2\left(y + \sqrt{y^2 + 1}\right)$ である．x, y を交換して，求める逆関数は，
$y = \log_2\left(x + \sqrt{x^2 + 1}\right)$ である．

(4) $y = \log_2(x - \sqrt{x^2 - 1})$ より
$x - \sqrt{x^2 - 1} = 2^y$ であるから，
$\sqrt{x^2 - 1} = x - 2^y$ である．両辺を 2 乗すると，$x^2 - 1 = x^2 - 2x\cdot 2^y + 2^{2y}$ である．よって，
$$x = \dfrac{2^{2y} + 1}{2 \cdot 2^y} = \dfrac{2^y + 2^{-y}}{2}$$
である．ここで，$x > 1$ のとき
$(x-1)^2 < x^2 - 1$ であるから，
$x - 1 < \sqrt{x^2 - 1}$ すなわち $x - \sqrt{x^2 - 1} < 1$ である．したがって，$y < 0$ であるので，x, y を交換して，求める逆関数は $y = \dfrac{2^x + 2^{-x}}{2}$
$(x < 0)$ である．

3.11 (1) $\displaystyle\lim_{h\to 0}\dfrac{1}{h}\left(\sqrt{4+h} - 2\right)$

$= \displaystyle\lim_{h\to 0}\dfrac{(4+h) - 4}{h(\sqrt{4+h} + 2)}$

$= \displaystyle\lim_{h\to 0}\dfrac{1}{\sqrt{4+h} + 2} = \dfrac{1}{4}$

(2) $\displaystyle\lim_{h\to 9}\dfrac{\sqrt{h} - 3}{h - 9} = \lim_{h\to 9}\dfrac{h - 9}{(h-9)(\sqrt{h}+3)}$

$= \displaystyle\lim_{h\to 9}\dfrac{1}{\sqrt{h}+3} = \dfrac{1}{6}$

(3) $\displaystyle\lim_{h\to 0}\dfrac{1}{h}\left\{\dfrac{1}{(h+1)^2} - 1\right\}$

$= \displaystyle\lim_{h\to 0}\dfrac{1 - (h+1)^2}{h(h+1)^2} = \lim_{h\to 0}\dfrac{-(2+h)}{(h+1)^2}$
$= -2$

(4) $\displaystyle\lim_{h\to 0}\dfrac{1}{h}\left(\dfrac{1}{\sqrt{4+h}} - \dfrac{1}{2}\right)$

$= \displaystyle\lim_{h\to 0}\dfrac{2 - \sqrt{4+h}}{2h\sqrt{4+h}}$

$= \displaystyle\lim_{h\to 0}\dfrac{4 - (4+h)}{2h\sqrt{4+h}(2 + \sqrt{4+h})}$

$= \displaystyle\lim_{h\to 0}\dfrac{-1}{2\sqrt{4+h}(2 + \sqrt{4+h})} = -\dfrac{1}{16}$

3.12 (1) $\displaystyle\lim_{x\to 0}\dfrac{1}{x}\left(\dfrac{1}{x-2} + \dfrac{1}{x+2}\right)$

$= \displaystyle\lim_{x\to 0}\dfrac{1}{x}\left\{\dfrac{(x+2) + (x-2)}{(x-2)(x+2)}\right\}$

$= \displaystyle\lim_{x\to 0}\dfrac{2}{(x-2)(x+2)} = -\dfrac{1}{2}$

(2) $\displaystyle\lim_{x\to 1}\dfrac{\sqrt{5x+4} - 3}{x - 1}$

$= \displaystyle\lim_{x\to 1}\dfrac{(5x+4) - 9}{(x-1)(\sqrt{5x+4} + 3)}$

$= \displaystyle\lim_{x\to 1}\dfrac{5}{\sqrt{5x+4} + 3} = \dfrac{5}{6}$

(3) $\displaystyle\lim_{x\to 2}\dfrac{\sqrt{x+2} - 2}{\sqrt{x+7} - 3}$

$= \displaystyle\lim_{x\to 2}\dfrac{(\sqrt{x+2}-2)(\sqrt{x+2}+2)(\sqrt{x+7}+3)}{(\sqrt{x+7}-3)(\sqrt{x+7}+3)(\sqrt{x+2}+2)}$

$= \displaystyle\lim_{x\to 2}\dfrac{(x-2)(\sqrt{x+7}+3)}{(x-2)(\sqrt{x+2}+2)}$

$= \displaystyle\lim_{x\to 2}\dfrac{\sqrt{x+7}+3}{\sqrt{x+2}+2} = \dfrac{3}{2}$

(4) $\displaystyle\lim_{x\to 1}\dfrac{1}{x^2 - 1}\left(\dfrac{1}{\sqrt{x+3}} - \dfrac{1}{2}\right)$

$= \displaystyle\lim_{x\to 1}\dfrac{1}{(x+1)(x-1)}\left(\dfrac{2 - \sqrt{x+3}}{2\sqrt{x+3}}\right)$

$= \displaystyle\lim_{x\to 1}\dfrac{-1}{2(x+1)\sqrt{x+3}(2 + \sqrt{x+3})}$

$= -\dfrac{1}{32}$

3.13 展開公式 $(a-b)(a^2+ab+b^2) = a^3 - b^3$ を利用する．$a = \sqrt[3]{2+x}$，$b = \sqrt[3]{2-x}$ として $a^2 + ab + b^2$ を分子，分母にかけると，分子は $a^3 - b^3 = (2+x) - (2-x) = 2x$ となるので，
$$\lim_{x\to 0}\dfrac{\sqrt[3]{2+x} - \sqrt[3]{2-x}}{x}$$

$$= \lim_{x \to 0} \frac{2}{(\sqrt[3]{2+x})^2 + \sqrt[3]{2+x}\sqrt[3]{2-x} + (\sqrt[3]{2-x})^2}$$
$$= \frac{2}{3\sqrt[3]{4}} = \frac{2\sqrt[3]{2}}{3\sqrt[3]{8}} = \frac{\sqrt[3]{2}}{3}$$

3.14 (1) $\lim_{x \to 2}(x-2) = 0$ なので, 与えられた極限値が存在するには $\lim_{x \to 2}(x^2 + ax + b) = 0$ でなければならない. したがって, $4 + 2a + b = 0$ を得る. このとき, $b = -2a - 4$ となるので,

$$\lim_{x \to 2} \frac{x^2 + ax + b}{x-2} = \lim_{x \to 2} \frac{x^2 + ax - 2a - 4}{x-2}$$
$$= \lim_{x \to 2} \frac{(x-2)(x+a+2)}{x-2}$$
$$= \lim_{x \to 2}(x+a+2) = 4+a$$
$$= 1$$

である. したがって, $a = -3, b = 2$ を得る.

(2) $\lim_{x \to 3}(x^2 - 9) = 0$ なので, 与えられた極限値が存在するには $\lim_{x \to 3}(2x^2 + ax + b) = 0$ でなければならないから, $18 + 3a + b = 0$ である. このとき, $b = -3a - 18$ となるから,

$$\lim_{x \to 3} \frac{2x^2 + ax + b}{x^2 - 9}$$
$$= \lim_{x \to 3} \frac{2x^2 + ax - 3a - 18}{x^2 - 9}$$
$$= \lim_{x \to 3} \frac{2(x^2 - 9) + a(x-3)}{(x+3)(x-3)}$$
$$= \lim_{x \to 3} \frac{2(x+3) + a}{x+3} = 2 + \frac{1}{6}a = 3$$

となる. これより, $a = 6, b = -36$ である.

3.15 (1) $\lim_{x \to \infty} \frac{\sqrt{9x^2 - 3x} - x}{x}$
$$= \lim_{x \to \infty} \left(\sqrt{9 - \frac{3}{x}} - 1 \right) = 3 - 1 = 2,$$
2 に収束

(2) $\lim_{x \to \infty} \left(\sqrt{9x^2 + x} - 3x \right)$
$$= \lim_{x \to \infty} \frac{\left(\sqrt{9x^2 + x} - 3x \right)\left(\sqrt{9x^2 + x} + 3x \right)}{\sqrt{9x^2 + x} + 3x}$$
$$= \lim_{x \to \infty} \frac{x}{\sqrt{9x^2 + x} + 3x}$$

$$= \lim_{x \to \infty} \frac{1}{\sqrt{9 + \frac{1}{x}} + 3} = \frac{1}{6}, \quad \frac{1}{6} \text{ に収束}$$

(3) $\lim_{x \to \infty} \frac{2^x}{1 + 2^x} = \lim_{x \to \infty} \frac{1}{2^{-x} + 1} = 1,$
1 に収束

(4) $-\infty$ に発散

3.16 (1) $x \to \frac{\pi}{2} + 0$ のとき $\cos x \to -0$ であるから, $\lim_{x \to \frac{\pi}{2}+0} \frac{1}{\cos x} = -\infty, \ -\infty$ に発散

(2) $x \to 1 + 0$ のとき $x - 1 \to +0, \ x + 2 \to 3$ であるから, $\lim_{x \to 1+0} \frac{1}{(x-1)(x+2)} = \infty,$ ∞ に発散

(3) $x \to -1 - 0$ のとき $x^2 \to 1 + 0$ より $x^2 - 1 \to +0$ であるから, $\lim_{x \to -1-0} \frac{1}{x^2 - 1} = \infty, \ \infty$ に発散

(4) $x \to -0$ のとき $x < 0$ である.
$\frac{|x|}{x^2 + 2x} = \frac{-x}{x(x+2)} = -\frac{1}{x+2}$ であるから, $\lim_{x \to -0} \frac{|x|}{x^2 + 2x} = -\lim_{x \to -0} \frac{1}{x+2} = -\frac{1}{2}, \ -\frac{1}{2}$ に収束

3.17 (1) $x \to +0$ のとき $\frac{1}{x} \to \infty$ であるから, $1 + 2^{\frac{1}{x}} \to \infty$ である. したがって,
$$\lim_{x \to +0} \frac{1}{1 + 2^{\frac{1}{x}}} = 0$$
である.

(2) $x \to -0$ のとき $\frac{1}{x} \to -\infty$ であるから, $1 + 2^{\frac{1}{x}} \to 1$ である. したがって,
$$\lim_{x \to -0} \frac{1}{1 + 2^{\frac{1}{x}}} = 1$$
である.

3.18 (1) 0　　(2) 2　　(3) -1 に収束
(4) 0 に収束　　(5) 1 に収束
(6) 存在しない

3.19 整数 n に対して $n \le x < n+1$ のとき, $[x] = n$ である.

(1) $f\left(\frac{1}{2} \right) = [2] = 2$

(2) $f(\sqrt{2}) = \left[\dfrac{1}{\sqrt{2}}\right] = \left[\dfrac{\sqrt{2}}{2}\right] = 0$

(3) $x \to 1+0$ のとき $1 < x$ より，$0 < \dfrac{1}{x} < 1$ であるから，$\displaystyle\lim_{x \to 1+0} f(x) = 0$ である．したがって，極限値は 0 である．

(4) $x \to \dfrac{1}{2} - 0$ のとき $0 < x < \dfrac{1}{2}$ より $2 < \dfrac{1}{x}$ であるから，$\displaystyle\lim_{x \to \frac{1}{2}-0} f(x) = 2$ である．一方，$x \to \dfrac{1}{2} + 0$ のとき $\dfrac{1}{2} < x < 1$ より $1 < \dfrac{1}{x} < 2$ であるから，$\displaystyle\lim_{x \to \frac{1}{2}+0} f(x) = 1$ である．左右の片側極限値が一致しないので，この極限値は存在しない．

3.20　その関数が定義できる最大の範囲を考える．

(1) 真数 > 0 より $3 - x > 0$ であるから，$x < 3$ である．

(2) 根号内 $\geqq 0$ より $4 - x^2 \geqq 0$ であるから，$-2 \leqq x \leqq 2$ である．

(3) 分母 $\neq 0$ より $x + 4 \neq 0$ であるから，$x \neq -4$（または，$x < -4,\ -4 < x$）である．

(4) 分母 $\neq 0$，根号内 > 0 より，$x(x-1) > 0$ であるから，$x < 0,\ 1 < x$ である．

3.21　(1) $f(x) = x^4 - 3x^3 + 1$ とおくと，$f(x)$ は閉区間 $[0,1]$ で連続である．また，

$$f(0) = 1 > 0, \quad f(1) = -1 < 0$$

であるから，中間値の定理によって $f(c) = 0$ $(0 < c < 1)$ となる実数 c が少なくとも 1 つ存在する．すなわち，与えられた方程式はこの区間に少なくとも 1 つの実数解 $x = c$ をもつ．

(2) $f(x) = x \cos x - \sin x$ とおくと，$f(x)$ は閉区間 $[\pi, 2\pi]$ で連続である．また，

$$f(\pi) = -\pi < 0, \quad f(2\pi) = 2\pi > 0$$

であるから，中間値の定理によって，$f(c)=0$ $(\pi < c < 2\pi)$ となる実数 c が少なくとも 1 つ存在する．すなわち，与えられた方程式はこの区間に少なくとも 1 つの実数解 $x = c$ をもつ．

(3) $f(x) = x + \dfrac{1}{x} - 3\log_2 x$ とおくと，

$f(x)$ は閉区間 $[1,2]$ で連続である．また，

$$f(1) = 2 > 0, \quad f(2) = -\dfrac{1}{2} < 0$$

であるから，中間値の定理によって，$f(c) = 0$ $(1 < c < 2)$ となる実数 c が少なくとも 1 つ存在する．すなわち，与えられた方程式はこの区間に少なくとも 1 つの実数解 $x = c$ をもつ．

第 2 章　微分法

第 4 節　微分法

4.1　(1) $-\dfrac{1}{3}$　　(2) 1　　(3) $-h - 3$

(4) $a^2 + ab + b^2$

4.2　(1) 2　　(2) -2　　(3) 9　　(4) -5

4.3　(1) $(-3x + 2)'$

$$= \lim_{h \to 0} \frac{-3(x+h) + 2 - (-3x + 2)}{h}$$

$$= \lim_{h \to 0} (-3) = -3$$

(2) $(x^2 - 3x + 2)'$

$$= \lim_{h \to 0} \frac{(x+h)^2 - 3(x+h) + 2 - (x^2 - 3x + 2)}{h}$$

$$= \lim_{h \to 0} (2x + h - 3) = 2x - 3$$

(3) $\left(\dfrac{2x - 1}{3}\right)' = \displaystyle\lim_{h \to 0} \dfrac{\frac{2(x+h)-1}{3} - \frac{2x-1}{3}}{h}$

$$= \lim_{h \to 0} \frac{2}{3} = \frac{2}{3}$$

(4) $\left(\dfrac{x^2 - 1}{2}\right)' = \displaystyle\lim_{h \to 0} \dfrac{\frac{(x+h)^2-1}{2} - \frac{x^2-1}{2}}{h}$

$$= \lim_{h \to 0} \left(x + \frac{h}{2}\right) = x$$

4.4　(1) $y' = 2$　　　　(2) $y' = 12x^5$

(3) $y' = 2x - 5$　(4) $y' = 2x^3 - 2x^2 + 2x$

(5) $y' = \dfrac{2x + 3}{4}$　(6) $y' = \dfrac{8x - 3}{5}$

4.5　(1) $\dfrac{dz}{ds} = 4s + 3$　(2) $\dfrac{dl}{da} = 4a - 3$

(3) $\dfrac{dv}{du} = u + 3$　(4) $\dfrac{dV}{dl} = \dfrac{1}{2}\pi lh$

4.6　(1) $f'(-1) = -5,\ f'(2) = 7$

(2) $\left.\dfrac{dy}{dx}\right|_{x=-1} = 28,\ \left.\dfrac{dy}{dx}\right|_{x=2} = 13$

4.7　(1) $y = 2x - 4$　　　(2) $y = -4x + 1$

　(3) $y = -1$　　　　　(4) $y = -4x + 5$

4.8　(1) $y' = 3x(x - 2)$

x	$\cdots$	0	$\cdots$	2	$\cdots$
y'	$+$	0	$-$	0	$+$
y	$\nearrow$	3	$\searrow$	-1	$\nearrow$

(極大)　(極小)

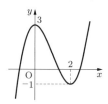

$x = 0$ のとき極大値 $y = 3$,

$x = 2$ のとき極小値 $y = -1$ をとる.

(2) $y' = -3(x + 1)(x - 1)$

x	$\cdots$	-1	$\cdots$	1	$\cdots$
y'	$-$	0	$+$	0	$-$
y	$\searrow$	-1	$\nearrow$	3	$\searrow$

(極小)　(極大)

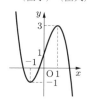

$x = 1$ のとき極大値 $y = 3$,

$x = -1$ のとき極小値 $y = -1$ をとる.

(3) $y' = 4x(x + 1)(x - 1)$

x	$\cdots$	-1	$\cdots$	0	$\cdots$	1	$\cdots$
y'	$-$	0	$+$	0	$-$	0	$+$
y	$\searrow$	0	$\nearrow$	1	$\searrow$	0	$\nearrow$

(極小)　(極大)　(極小)

$x = 0$ のとき極大値 $y = 1$,

$x = \pm 1$ のとき極小値 $y = 0$ をとる.

(4) $y' = -3x(x - 2)^2$

$(x - 2)^2 \geqq 0$ であるから, y' の符号は $-3x$

の符号と一致する.

x	$\cdots$	0	$\cdots$	2	$\cdots$
y'	$+$	0	$-$	0	$-$
y	$\nearrow$	0	$\searrow$	-4	$\searrow$

(極大)

$x = 0$ のとき極大値 $y = 0$ をとる. 極小値はない.

4.9　(1) $f'(x) = -4(x - 2)$

x	-1	$\cdots$	2	$\cdots$	3
y'		$+$	0	$-$	
y	-3	$\nearrow$	15	$\searrow$	13

(最小)　　　(最大)

$x = 2$ のとき最大値 $f(2) = 15$,

$x = -1$ のとき最小値 $f(-1) = -3$

(2) $f'(x) = 3(x + 1)(x - 3)$

x	-2	$\cdots$	-1	$\cdots$	3	$\cdots$	4
y'		$+$	0	$-$	0	$+$	
y	-3	$\nearrow$	4	$\searrow$	-28	$\nearrow$	-21

(最大)　　　(最小)

$x = -1$ のとき最大値 $f(-1) = 4$,

$x = 3$ のとき最小値 $f(3) = -28$

(3) $f'(x) = -6x(x - 2)$

x	-1	$\cdots$	0	$\cdots$	1
y'		$-$	0	$+$	
y	10	$\searrow$	2	$\nearrow$	6

(最大)　　　(最小)

$x = -1$ のとき最大値 $f(-1) = 10$,

$x = 0$ のとき最小値 $f(0) = 2$

(4) $f'(x) = 4x\left(x^2 - \dfrac{1}{2}\right)$

x	0	$\cdots$	$\dfrac{\sqrt{2}}{2}$	$\cdots$	2
x	0				
y'	0	$-$	0	$+$	
y	0	$\searrow$	$-\dfrac{1}{4}$	$\nearrow$	12

(最小)　　　(最大)

$x = 2$ のとき最大値 $f(2) = 12$,

$x = \dfrac{\sqrt{2}}{2}$ のとき最小値 $f\left(\dfrac{\sqrt{2}}{2}\right) = -\dfrac{1}{4}$

4.10 (1) $V = x(10 - 2x)(16 - 2x)$

$\qquad = 4x(x - 5)(x - 8) \quad (0 < x < 5)$

$$\frac{dV}{dx} = 4(x - 2)(3x - 20)$$

x	0	$\cdots$	2	$\cdots$	5
$\dfrac{dV}{dx}$			+	0	−
V	0	↗	144	↘	0
			（最大）		

$x = 2$ のとき V は最大値 144 をとる.

(2) $V = \pi r^2(15 - r) \quad (0 < r < 15)$,

$$\frac{dV}{dr} = -3\pi r(r - 10)$$

x	0	$\cdots$	10	$\cdots$	15
$\dfrac{dV}{dx}$	0	+	0	−	
V	0	↗	500π	↘	0
			（最大）		

$r = 10\,\mathrm{cm}$ のとき V は最大値 $500\pi\,\mathrm{cm}^3$ をとる.

4.11 (1) $f'(x)$

$= \displaystyle\lim_{h \to 0} \frac{\{a(x + h) + b\} - (ax + b)}{h} = a$

(2) $f'(x)$

$= \displaystyle\lim_{h \to 0} \frac{\{a(x+h)^2+b(x+h)+c\} - (ax^2+bx+c)}{h}$

$= \displaystyle\lim_{h \to 0} (2ax + ah + b) = 2ax + b$

4.12 (1) $\dfrac{dV}{dr} = \dfrac{2}{3}\pi r h$

(2) $\dfrac{dy}{dt} = v_0 - gt$

(3) $\dfrac{dW}{dv} = \dfrac{2u}{u^2 + u + 1}$

(4) $\dfrac{dV}{dq} = -\dfrac{4q}{\sqrt{r}}$

4.13 (1) $\displaystyle\lim_{h \to 0} \frac{f(a + 3h) - f(a)}{h}$

$= \displaystyle\lim_{h \to 0} \frac{f(a + 3h) - f(a)}{3h} \cdot 3 = 3f'(a)$

(2) $\displaystyle\lim_{h \to 0} \frac{f(a + h) - f(a - h)}{h}$

$= \displaystyle\lim_{h \to 0} \frac{\{f(a+h) - f(a)\} - \{f(a-h) - f(a)\}}{h}$

$= \displaystyle\lim_{h \to 0} \frac{f(a + h) - f(a)}{h}$

$\quad - \displaystyle\lim_{h \to 0} \frac{f(a - h) - f(a)}{-h} \cdot (-1)$

$= f'(a) - (-f'(a)) = 2f'(a)$

4.14 (1) $f'(0) = \displaystyle\lim_{h \to 0} \frac{f(h) - f(0)}{h}$

$= \displaystyle\lim_{h \to 0} \frac{\sqrt[3]{h} - 0}{h} = \displaystyle\lim_{h \to 0} \frac{1}{\sqrt[3]{h^2}}$

$h \to 0$ のとき $\sqrt[3]{h^2} \to +0$ であるから,

$\dfrac{1}{\sqrt[3]{h^2}} \to \infty$ である. したがって, $f'(0)$ は

存在しないので, $f(x)$ は $x = 0$ で微分可能で

はない.

(2) $f'(0) = \displaystyle\lim_{h \to 0} \frac{f(h) - f(0)}{h}$

$= \displaystyle\lim_{h \to 0} \frac{h|h| - 0}{h} = \displaystyle\lim_{h \to 0} |h| = 0$

よって, $x = 0$ で微分可能であり, $f'(0) = 0$

である.

4.15 $f(x)$ は, 次の式で表せる.

$$f(x) = \begin{cases} -x^2(x - 2) & (x < 2) \\ x^2(x - 2) & (x \geq 2) \end{cases}$$

$\displaystyle\lim_{h \to 0} \dfrac{f(2 + h) - f(2)}{h}$ について調べる.

$h \to -0$ のとき $2 + h < 2$ であるから,

$\displaystyle\lim_{h \to -0} \frac{f(2 + h) - f(2)}{h} = \displaystyle\lim_{h \to -0} \frac{-(2 + h)^2 h}{h}$

$= -\displaystyle\lim_{h \to -0} (2 + h)^2 = -4$

である. $h \to +0$ のとき $2 + h > 2$ であるから,

$\displaystyle\lim_{h \to +0} \frac{f(2 + h) - f(2)}{h} = \displaystyle\lim_{h \to +0} \frac{(2 + h)^2 h}{h}$

$= \displaystyle\lim_{h \to +0} (2 + h)^2 = 4$

である. したがって, $f'(2)$ は存在しないの

で, $f(x)$ は $x = 2$ で微分可能ではない.

4.16 (1) $x = 1$ で連続であるためには,

$\displaystyle\lim_{x \to 1} f(x) = f(1) = 6$ であればよい.

$\displaystyle\lim_{x \to 1-0} f(x) = 6, \qquad \displaystyle\lim_{x \to 1+0} f(x) = a + b$

であるので, 求める条件は, $a + b = 6$ である.

(2) $x = 1$ で微分可能であるためには，まず $x = 1$ で連続でなければならない．したがって，(1) の結果より $a + b = 6$ である．次に，

$$f'(1) = \lim_{h \to 0} \frac{f(1+h) - f(1)}{h}$$

について調べる．$b = 6 - a$ であり，$h \to -0$ のとき $1 + h < 1$，$h \to +0$ のとき $1 + h > 1$ であることに注意すると，

$$\lim_{h \to -0} \frac{f(1+h) - f(1)}{h}$$
$$= \lim_{h \to -0} \frac{\left\{(1+h)^2 + 6(1+h) - 1\right\} - 6}{h}$$
$$= \lim_{h \to -0} (h + 8) = 8$$

$$\lim_{h \to +0} \frac{f(1+h) - f(1)}{h}$$
$$= \lim_{h \to +0} \frac{\left\{a(1+h)^2 + (6-a)\right\} - 6}{h}$$
$$= \lim_{h \to +0} (2a + ah) = 2a$$

である．したがって，$x = 1$ で微分可能であるためには，$2a = 8$ でなければならないから，$a = 4$, $b = 2$ である．

4.17 (1) $y' = -2x + 3$ より，$-2x + 3 = 7$ を解いて $x = -2$ である．このとき $y = -11$ なので，接線の方程式は $y = 7(x + 2) - 11$，したがって $y = 7x + 3$ である．

(2) 求める接線の傾きは 0 であるので $-2x + 3 = 0$ である．よって，$x = \dfrac{3}{2}$ である．このとき $y = \dfrac{5}{4}$ であるので，求める接線の方程式は $y = \dfrac{5}{4}$ である．

(3) 接点の座標を $(a, -a^2 + 3a - 1)$ とすると，接線の方程式は

$$y = (-2a + 3)(x - a) + (-a^2 + 3a - 1)$$

であり，原点を通るから，

$$(-2a + 3)(-a) - (a^2 - 3a + 1) = 0$$ である．

これより，$a = \pm 1$ を得る．
$a = 1$ のときの接線は $y = x$, 接点は $(1, 1)$ である．$a = -1$ のときの接線は $y = 5x$, 接点は $(-1, -5)$ である．

4.18 (1) $y' = \dfrac{x}{2}$ であり，$x = t$ のとき $y = \dfrac{t^2}{4}$, $y' = \dfrac{t}{2}$ であるから，点 P における接線の方程式は $y = \dfrac{t}{2}(x - t) + \dfrac{t^2}{4}$, したがって $y = \dfrac{t}{2}x - \dfrac{t^2}{4}$ である．

(2) 接線が点 A$(0, -1)$ を通るので，(1) より $-1 = -\dfrac{t^2}{4}$ が成り立つから，$t = \pm 2$ である．$t = 2$ のときの接線は $y = x - 1$ であり，$t = -2$ のときの接線は $y = -x - 1$ であるので，これらは互いに直交している．

4.19 (1) $y' = -6(x + 1)^2 \leqq 0$

x	$\cdots$	-1	$\cdots$
y'	$-$	0	$-$
y	$\searrow$	1	$\searrow$

極値はない

(2) $y' = 4x^3 - 12x^2 - 4x + 12$
$\qquad = 4(x - 1)(x - 3)(x + 1)$

x	$\cdots$	-1	$\cdots$	1	$\cdots$	3	$\cdots$
y'	$-$	0	$+$	0	$-$	0	$+$
y	$\searrow$	-11	$\nearrow$	5	$\searrow$	-11	$\nearrow$
		(極小)		(極大)		(極小)	

$x = 1$ のとき極大値 $y = 5$,
$x = -1, 3$ のとき極小値 $y = -11$ をとる．

(3) $y' = -2(x - 1)(2x^2 - x + 2)$
$2x^2 - x + 2 = 2\left(x - \dfrac{1}{4}\right)^2 + \dfrac{15}{8} > 0$ であるから，y' の符号は $-2(x - 1)$ の符号と一致する．

x	$\cdots$	1	$\cdots$
y'	$+$	0	$-$
y	$\nearrow$	1	$\searrow$

（極大）

$x = 1$ のとき

極大値 $y = 1$ をとる.

(4) $y' = x^4 - 3x^2 = x^2(x + \sqrt{3})(x - \sqrt{3})$

x	$\cdots$	$-\sqrt{3}$	$\cdots$	0	$\cdots$	$\sqrt{3}$	$\cdots$
y'	$+$	0	$-$	0	$-$	0	$+$
y	$\nearrow$	$\dfrac{6\sqrt{3}}{5}$	$\searrow$	0	$\searrow$	$-\dfrac{6\sqrt{3}}{5}$	$\nearrow$

（極大）　　　　　　　　（極小）

$x = -\sqrt{3}$ のとき極大値 $y = \dfrac{6\sqrt{3}}{5}$,

$x = \sqrt{3}$ のとき極小値 $y = -\dfrac{6\sqrt{3}}{5}$ をとる.

4.20 (1) 半径を r [cm], 中心角を θ ラジアン, 扇形の面積を S [cm²] とする. 扇形の周囲の長さは $2r + r\theta$ であるから,

$2r + r\theta = 60$ より, $r\theta = 60 - 2r$ である.

$$S = \frac{1}{2}r^2\theta = \frac{1}{2}r \cdot r\theta = \frac{1}{2}r(60 - 2r)$$
$$= 30r - r^2 \quad (0 < r < 30)$$

$\dfrac{dS}{dr} = 30 - 2r$ より, $\dfrac{dS}{dr} = 0$ となるのは $r = 15$ のときである.

r	0	$\cdots$	15	$\cdots$	30
S'		$+$	0	$-$	
S		$\nearrow$	最大	$\searrow$	

増減表より, 半径 15 cm とすればよい. 中心角は 2 ラジアンである.

> [2 ラジアンは, $\dfrac{360°}{\pi} \fallingdotseq 114.6°$ である.]

(2) 正方形の 1 辺の長さを x [cm], 直方体の高さを y [cm], 体積を V [cm³] とする.

$2x + y = 120$ より, $y = 120 - 2x$ であるから, $V = x^2 y = x^2(120 - 2x) = 120x^2 - 2x^3$

$(0 < x < 60)$

$\dfrac{dV}{dx} = 240x - 6x^2 = -6x(x - 40)$ となるから, $\dfrac{dV}{dx} = 0$ となるのは $x = 0, 40$ のときである. $0 < x < 60$ のときの増減表は

x	0	$\cdots$	40	$\cdots$	60
V'		$+$	0	$-$	
V		$\nearrow$	最大	$\searrow$	

となる. よって, 正方形の 1 辺を 40 cm とすればよい.

4.21 点 C の座標を $(x, a^2 - x^2)$ とすると, 求める長方形の面積 S は, $S = 2x(a^2 - x^2)$

$(0 < x < a)$ である. $\dfrac{dS}{dx} = 2(a^2 - 3x^2)$ であるから, $\dfrac{dS}{dx} = 0$ となるのは $x = \pm\dfrac{\sqrt{3}a}{3}$ のときである. $a > 0$ であるから, 増減表は次のようになる.

x	0	$\cdots$	$\dfrac{\sqrt{3}a}{3}$	$\cdots$	a
S'		$+$	0	$-$	
S		$\nearrow$	最大	$\searrow$	

増減表より, $x = \dfrac{\sqrt{3}a}{3}$ のとき面積 S は最大になる. そのときの面積は, $S = \dfrac{4\sqrt{3}a^3}{9}$ である.

4.22 放物線上の点を $P(x, x^2)$ とすると,

$$AP = \sqrt{(x - 6)^2 + (x^2 - 3)^2}$$
$$= \sqrt{x^4 - 5x^2 - 12x + 45}$$

である. AP が最小になるのは, 根号内が最小になるときである. $y = x^4 - 5x^2 - 12x + 45$ とおくと,

$y' = 4x^3 - 10x - 12 = 2(x - 2)(2x^2 + 4x + 3)$ であり,

$$2x^2 + 4x + 3 = 2(x + 1)^2 + 1 > 0$$

であるから, $y' = 0$ となるのは $x = 2$ のときである.

x	$\cdots$	2	$\cdots$
y'	$-$	0	$+$
y	$\searrow$	17	$\nearrow$

（最小）

したがって，増減表より，$x = 2$ のとき最小になる．最小になる点 P の座標は $(2,4)$ であり，そのときの距離 AP は $\sqrt{17}$ である．

4.23 $f(x) = ax^3 + bx^2 + cx + d$ とおくと，$f'(x) = 3ax^2 + 2bx + c$ である．与えられた条件から
$$f(1) = 3,\ f(-1) = 1,\ f'(1) = f'(-1) = 0$$
となる．これから，連立方程式
$$\begin{cases} a+b+c+d = 3 \\ -a+b-c+d = 1 \\ 3a+2b+c = 0 \\ 3a-2b+c = 0 \end{cases}$$
が得られる．これを解いて，$a = -\dfrac{1}{2}$，$b = 0$，$c = \dfrac{3}{2}$，$d = 2$ である．

4.24 $y' = 3ax^2 + 2bx + c$ であるから，極値をとる可能性がある x の値は 2 次方程式 $3ax^2 + 2bx + c = 0$ の解である．2 次方程式の解は判別式 D の符号により分類され，グラフは次の 3 つの場合がある．

- $D > 0$ のとき，$y' = 0$ は異なる 2 つの実数解をもつ．このとき，$y' = 0$ となる x の値の前後で y' の符号が変わるので，極大値および極小値をもつ．
- $D = 0$ のとき，$a > 0$ より $y' \geqq 0$ となる．このとき，$y' = 0$ となる点が 1 つあるが，y' の符号は変化しないので，極大値も極小値もとらない．
- $D < 0$ のとき，$a > 0$ よりすべての x に対して $y' > 0$ であるので，単調増加である．

4.25 $y' = 3x^2 + 2ax + b$ である．$x = -1, 3$ のときに y は極値をとるから，$x = -1, 3$ は 2 次方程式 $3x^2 + 2ax + b = 0$ の解である．したがって，$3 - 2a + b = 0$ かつ $27 + 6a + b = 0$ である．また，$x = -1$ のときに極大値 7 であるから，$-1 + a - b + c = 7$ である．これらを解いて，$a = -3$，$b = -9$，$c = 2$ が得られるから，与えられた関数は $y = x^3 - 3x^2 - 9x + 2$ である．$x = 3$ のときに極小になるから，代入すると，求める極小値は $y = -25$ である．

4.26 $y' = 3x^2 + 2kx + k$ である．極大値も極小値もとらないのは，2 次方程式 $3x^2 + 2kx + k = 0$ が異なる 2 つの実数解をもたないときであるから，
$$D = (2k)^2 - 4 \cdot 3k = 4k(k-3) \leqq 0$$
のときである．したがって，$0 \leqq k \leqq 3$ のときである．

4.27 (1) $g_1(-x) = \dfrac{f(-x) + f(x)}{2} = g_1(x)$,
$$g_2(-x) = \dfrac{f(-x) - f(x)}{2}$$
$$= -\dfrac{f(x) - f(-x)}{2} = -g_2(x)$$
となるから，$g_1(x)$ は偶関数であり，$g_2(x)$ は奇関数である．

(2) $(f(-x))' = f'(-x) \cdot (-x)' = -f'(-x)$ であるから，
$$g_1'(x) = \dfrac{f'(x) - f'(-x)}{2},$$
$$g_2'(x) = \dfrac{f'(x) + f'(-x)}{2}$$
である．したがって，
$$g_1'(-x) = \dfrac{f'(-x) - f'(x)}{2}$$
$$= -\dfrac{f'(x) - f'(-x)}{2} = -g_1'(x),$$
$$g_2'(-x) = \dfrac{f'(-x) + f'(x)}{2}$$
$$= \dfrac{f'(x) + f'(-x)}{2} = g_2'(x)$$
となるので，$g_1'(x)$ は奇関数，$g_2'(x)$ は偶関数である．

4.28 (1) $f(x) = x(x-2)^2$,
$f'(x) = 3x^2 - 8x + 4 = (3x-2)(x-2)$
であるから，増減表とグラフは次のようになる．

x	$\cdots$	$\dfrac{2}{3}$	$\cdots$	2	$\cdots$
$f'(x)$	$+$	0	$-$	0	$+$
$f(x)$	$\nearrow$	$\dfrac{32}{27}$	$\searrow$	0	$\nearrow$

（極大）　（極小）

$x = \dfrac{2}{3}$ のとき極大値 $y = \dfrac{32}{27}$,

$x = 2$ のとき極小値 $y = 0$ をとる.

(2) $x = 0$ のとき $y' = 4$ である.接線 ℓ の方程式は $y = 4x$ であるから,曲線 C との交点の x 座標は $x^3 - 4x^2 + 4x = 4x$ の解である.$x^3 - 4x^2 = 0$ を解いて,$x = 0, 4$ である.原点とは異なる交点は $(4, 16)$ である.

(3) 直線 ℓ と平行な接線をもつ点の x 座標は

$$y' = 3x^2 - 8x + 4 = 4$$

を解けばよい.$3x^2 - 8x = 0$ より,$x = 0, \dfrac{8}{3}$ となるので,原点ではない点の x 座標は $x = \dfrac{8}{3}$ である.

第 5 節　いろいろな関数の導関数

5.1　(1) $y' = 6x^2 - \dfrac{3}{2x^2}$

(2) $y' = \dfrac{1}{2} - \dfrac{3}{4x^2}$

(3) $y' = 3x^2 + \dfrac{2}{\sqrt{x}}$

(4) $y' = -\dfrac{1}{2x^2} - \dfrac{1}{\sqrt{x}}$

5.2　(1) $y' = 9x^2 - 2x - 1$

(2) $y' = 5x^4 - 3x^2 - 2$

(3) $y' = \dfrac{5x^2 + 1}{2\sqrt{x}}$

(4) $y' = \dfrac{1}{2\sqrt{x}} + 2$

5.3　(1) $y' = -\dfrac{1}{(x+3)^2}$

(2) $y' = \dfrac{3}{(4-x)^2}$

(3) $y' = \dfrac{10x}{(x^2+7)^2}$

(4) $y' = -\dfrac{1}{(x+1)^2}$

(5) $y' = -\dfrac{x^2 + 2x - 1}{(x^2+1)^2}$

(6) $y' = -\dfrac{3x^2 - 2x - 2}{x^2(x+2)^2}$

5.4　(1) $y' = \dfrac{3}{x^3}$　　(2) $y' = -\dfrac{1}{x^2} + \dfrac{6}{x^3}$

(3) $y' = 6x^2 - \dfrac{12}{x^5}$

(4) $y' = \dfrac{1}{2} - \dfrac{3}{4x^2} - \dfrac{5}{3x^3}$

5.5　(1) $y' = 8(2x+3)^3$

(2) $y' = 2(2x-1)^2$

(3) $y' = \dfrac{x+2}{\sqrt{x^2+4x+5}}$

(4) $y' = -\dfrac{x}{4\sqrt{x^2+1}}$

5.6　(1) $y' = \dfrac{2}{3\sqrt[3]{x}}$　　(2) $y' = 10\sqrt[3]{x^2}$

(3) $y' = \dfrac{3(2x-1)}{2\sqrt{x}}$　　(4) $y' = \dfrac{3x-2}{2\sqrt{x^3}}$

(5) $y' = -\dfrac{x}{3\sqrt[3]{(x^2+1)^4}}$

(6) $y' = \dfrac{x+2}{\sqrt{(x+1)^3}}$

5.7　(1) $y' = \dfrac{2}{2x+1}$　　(2) $y' = \dfrac{6x}{3x^2-1}$

(3) $y' = \log(5x+3) + \dfrac{5x}{5x+3}$

(4) $y' = \dfrac{\log|2x-1|}{2\sqrt{x}} + \dfrac{2\sqrt{x}}{2x-1}$

(5) $y' = \dfrac{1 - 2\log x}{x^3}$

(6) $y' = -\dfrac{1}{x(\log x + 1)^2}$

(7) $y' = \dfrac{2(1 + \log x)}{x}$

(8) $y' = \dfrac{x}{x^2+1}$

5.8　(1) $y' = 2e^{2x-3}$　　(2) $y' = -xe^{-\frac{x^2}{2}}$

(3) $y' = -3e^{-x}(e^{-x}+2)^2$

(4) $y' = \dfrac{e^x - e^{-x}}{2\sqrt{e^x + e^{-x}}}$

(5) $y' = (1-x)e^{1-x}$　　(6) $y' = \dfrac{2e^{2x}}{(e^{2x}+1)^2}$

(7) $y' = \dfrac{2e^{2x}}{1+e^{2x}}$　　(8) $y' = \dfrac{4}{e^{2x} - e^{-2x}}$

5.9　(1) $y' = 2^x \log 2$

(2) $y' = -\left(\dfrac{1}{5}\right)^x \log 5$

5.10　(1) $y' = 20\cos 5x$

(2) $y' = \dfrac{1}{\cos^2 2x}$

(3) $y' = \cos \dfrac{x}{3} - \dfrac{x}{3} \sin \dfrac{x}{3}$

(4) $y' = \dfrac{2(1 + \tan x)}{\cos^2 x}$

(5) $y' = \dfrac{2 \sin x}{(1 + \cos x)^2}$

(6) $y' = -12 \cos^2 4x \sin 4x$

(7) $y' = \dfrac{2 \cos 2x}{1 + \sin 2x}$

(8) $y' = -\dfrac{\sin 2x}{\sqrt{1 + \cos 2x}}$

(9) $y' = e^{-x}(3 \cos 3x - \sin 3x)$

5.11 (1) $y' = \dfrac{3}{\sqrt{1 - 9x^2}}$

(2) $y' = -\dfrac{1}{\sqrt{4 - x^2}}$　(3) $y' = \dfrac{2}{4x^2 + 1}$

(4) $y' = \dfrac{4}{x^2 + 16}$　(5) $y' = -\dfrac{1}{x\sqrt{x^2 - 1}}$

(6) $y' = \dfrac{2 \sin^{-1} x}{\sqrt{1 - x^2}}$

(7) $y' = 2x \tan^{-1} \dfrac{x}{2} + \dfrac{2x^2}{x^2 + 4}$

(8) $y' = \dfrac{x - (x^2 + 1) \tan^{-1} x}{x^2(x^2 + 1)}$

5.12 (1) $y' = \lim\limits_{h \to 0} \dfrac{\dfrac{1}{a(x+h)+b} - \dfrac{1}{ax+b}}{h}$

$= \lim\limits_{h \to 0} \dfrac{(ax+b) - \{a(x+h)+b\}}{h\{a(x+h)+b\}(ax+b)}$

$= \lim\limits_{h \to 0} \dfrac{-ah}{h\{a(x+h)+b\}(ax+b)}$

$= \lim\limits_{h \to 0} \dfrac{-a}{\{a(x+h)+b\}(ax+b)}$

$= -\dfrac{a}{(ax+b)^2}$

(2) $y' = \lim\limits_{h \to 0} \dfrac{\sqrt{a(x+h)+b} - \sqrt{ax+b}}{h}$

$= \lim\limits_{h \to 0} \dfrac{\{a(x+h)+b\} - (ax+b)}{h\left(\sqrt{a(x+h)+b} + \sqrt{ax+b}\right)}$

$= \lim\limits_{h \to 0} \dfrac{ah}{h\left(\sqrt{a(x+h)+b} + \sqrt{ax+b}\right)}$

$= \lim\limits_{h \to 0} \dfrac{a}{\sqrt{a(x+h)+b} + \sqrt{ax+b}}$

$= \dfrac{a}{2\sqrt{ax+b}}$

5.13 (1) $g'(x) = 2xf(x) + (x^2 + 1)f'(x)$

より, $g'(2) = 4f(2) + 5f'(2) = -11$

(2) $g'(x) = 3(f(x) + 1)^2 f'(x)$ より,

$g'(2) = 3(f(2) + 1)^2 f'(2) = -36$

5.14 (1) $y' = 2x(3x - 2)^4 + 12x^2(3x - 2)^3$

$= 2x(3x - 2)^3\{(3x - 2) + 6x\}$

$= 2x(3x - 2)^3(9x - 2)$

(2) y'

$= 4(2x+1)(3x+2)^3 + (2x+1)^2 \cdot 9(3x+2)^2$

$= (2x+1)(3x+2)^2\{4(3x+2) + 9(2x+1)\}$

$= (2x+1)(3x+2)^2(30x+17)$

(3) $y' = \dfrac{1 \cdot (3x-2)^2 - x \cdot 2(3x-2) \cdot 3}{(3x-2)^4}$

$= \dfrac{(3x-2) - 6x}{(3x-2)^3} = -\dfrac{3x+2}{(3x-2)^3}$

(4) y'

$= \dfrac{9(3x+2)^2(2x+1)^2 - 4(3x+2)^3(2x+1)}{(2x+1)^4}$

$= \dfrac{9(3x+2)^2(2x+1) - 4(3x+2)^3}{(2x+1)^3}$

$= \dfrac{(3x+2)^2\{9(2x+1) - 4(3x+2)\}}{(2x+1)^3}$

$= \dfrac{(3x+2)^2(6x+1)}{(2x+1)^3}$

(5) $y' = 1 \cdot \sqrt{4x+3} + x \cdot \dfrac{4}{2\sqrt{4x+3}}$

$= \dfrac{(4x+3) + 2x}{\sqrt{4x+3}} = \dfrac{3(2x+1)}{\sqrt{4x+3}}$

(6) $y' = 3(\sqrt{x}+1)^2 \cdot \dfrac{1}{2\sqrt{x}} = \dfrac{3(\sqrt{x}+1)^2}{2\sqrt{x}}$

(7) $y' = \dfrac{\dfrac{1}{2\sqrt{x}}(\sqrt{x}+1) - \sqrt{x} \cdot \dfrac{1}{2\sqrt{x}}}{(\sqrt{x}+1)^2}$

$= \dfrac{1}{2\sqrt{x}(\sqrt{x}+1)^2}$

(8) $y' = 2 \cdot \dfrac{\sqrt{x}-1}{\sqrt{x}+1}\left(\dfrac{\sqrt{x}-1}{\sqrt{x}+1}\right)'$

$= 2 \cdot \dfrac{\sqrt{x}-1}{\sqrt{x}+1} \cdot \dfrac{\dfrac{1}{2\sqrt{x}} \cdot (\sqrt{x}+1) - (\sqrt{x}-1) \cdot \dfrac{1}{2\sqrt{x}}}{(\sqrt{x}+1)^2}$

$= 2 \cdot \dfrac{\sqrt{x}-1}{\sqrt{x}+1} \cdot \dfrac{2}{2\sqrt{x}(\sqrt{x}+1)^2}$

$= \dfrac{2(\sqrt{x}-1)}{\sqrt{x}(\sqrt{x}+1)^3}$

(9) $y' = \dfrac{1}{2}\left(\dfrac{2x-1}{2x+1}\right)^{-\frac{1}{2}}\left(\dfrac{2x-1}{2x+1}\right)'$

$= \dfrac{1}{2}\sqrt{\dfrac{2x+1}{2x-1}} \cdot \dfrac{2(2x+1)-(2x-1)\cdot 2}{(2x+1)^2}$

$= \dfrac{2}{\sqrt{(2x-1)(2x+1)^3}}$

5.15　(1) $y' = \{(3x-2)^{-2}\}' = -\dfrac{6}{(3x-2)^3}$

(2) $y' = \{(x^2+2x+3)^{-4}\}'$

$= -\dfrac{8(x+1)}{(x^2+2x+3)^5}$

(3) $y' = \dfrac{x+2}{\sqrt{x^2+4x+1}}$

(4) $y' = \{(x^2+1)^{-\frac{1}{2}}\}' = -\dfrac{x}{\sqrt{(x^2+1)^3}}$

(5) $y' = \{(2x-3)^{\frac{2}{3}}\}' = \dfrac{4}{3\sqrt[3]{2x-3}}$

(6) $y' = 4\{(4-x^2)^{-\frac{1}{4}}\}' = \dfrac{2x}{\sqrt[4]{(4-x^2)^5}}$

5.16　(1) $y' = \dfrac{(\log x)'}{\log x} = \dfrac{1}{x\log x}$

(2) $y' = \dfrac{\left(\tan\dfrac{x}{2}\right)'}{\tan\dfrac{x}{2}}$

$= \dfrac{1}{\tan\dfrac{x}{2}\cos^2\dfrac{x}{2}}\cdot\dfrac{1}{2}$

$= \dfrac{1}{2\sin\dfrac{x}{2}\cos\dfrac{x}{2}} = \dfrac{1}{\sin x}$

(3) $y' = e^{\cos 2x}\cdot(\cos 2x)'$

$= -2e^{\cos 2x}\sin 2x$

(4) $y' = \dfrac{(e^x+e^{-x})^2-(e^x-e^{-x})^2}{(e^x+e^{-x})^2}$

$= \dfrac{4}{(e^x+e^{-x})^2}$

(5) $y' = (2\sin x\cos x)\cos^3 x$

$\quad + \sin^2 x(-3\cos^2 x\sin x)$

$= \sin x\cos^2 x(2\cos^2 x-3\sin^2 x)$

(6) $y' = 2e^{2x}\cos 3x - 3e^{2x}\sin 3x$

$= e^{2x}(2\cos 3x - 3\sin 3x)$

(7) $y' = \dfrac{\cos x(1+\cos x)-\sin x(-\sin x)}{(1+\cos x)^2}$

$= \dfrac{\cos x+1}{(1+\cos x)^2} = \dfrac{1}{1+\cos x}$

(8) y' の分子は

$(\sin x-\cos x)'(\sin x+\cos x)$

$\quad -(\sin x-\cos x)(\sin x+\cos x)'$

$= (\cos x+\sin x)^2+(\cos x-\sin x)^2$

$= 2(\cos^2 x+\sin^2 x) = 2$ となるので，

$y' = \dfrac{2}{(\sin x+\cos x)^2}$

(9) $y' = \dfrac{1}{\sqrt{1-\cos^2 x}}\cdot(-\sin x)$

$= -\dfrac{\sin x}{\sqrt{\sin^2 x}} = -1$

(10) $y' = \dfrac{1}{1+\dfrac{x-1}{2-x}}\cdot\left(\sqrt{\dfrac{x-1}{2-x}}\right)'$

$= \dfrac{2-x}{(2-x)+(x-1)}\cdot\dfrac{1}{2\sqrt{\dfrac{x-1}{2-x}}}$

$\quad\cdot\left(\dfrac{x-1}{2-x}\right)'$

$= (2-x)\cdot\dfrac{1}{2}\sqrt{\dfrac{2-x}{x-1}}$

$\quad\cdot\dfrac{(2-x)-(x-1)(-1)}{(2-x)^2}$

$= (2-x)\cdot\dfrac{1}{2}\sqrt{\dfrac{2-x}{x-1}}\cdot\dfrac{1}{(2-x)^2}$

$= \dfrac{1}{2\sqrt{(x-1)(2-x)}}$

5.17　(1)　両辺の対数をとると，

$\log y = x\log\dfrac{1}{x} = -x\log x$ である．両辺を

x で微分すると，

$\dfrac{y'}{y} = -\log x - x\cdot\dfrac{1}{x} = -\log x - 1$

となるので，求める導関数は

$y' = -y(\log x+1) = -\left(\dfrac{1}{x}\right)^x(\log x+1)$

である．

(2)　両辺の対数をとると，$\log y = \sqrt{x}\log x$
である．両辺を x で微分すると，

$$\frac{y'}{y} = \frac{1}{2\sqrt{x}}\log x + \sqrt{x} \cdot \frac{1}{x} = \frac{\log x + 2}{2\sqrt{x}}$$

となるので，求める導関数は

$$y' = y \cdot \frac{\log x + 2}{2\sqrt{x}} = x^{\sqrt{x}}\frac{\log x + 2}{2\sqrt{x}}$$

である．

(3)　両辺の対数をとると，

$$\log y = \log \frac{(x-1)^2}{(2x+1)^3}$$
$$= 2\log(x-1) - 3\log(2x+1)$$

である．両辺を x で微分すると，

$$\frac{y'}{y} = \frac{2}{x-1} - \frac{6}{2x+1} = \frac{-2x+8}{(x-1)(2x+1)}$$

となるので，求める導関数は

$$y' = y \cdot \frac{-2x+8}{(x-1)(2x+1)}$$
$$= \frac{(x-1)^2}{(2x+1)^3} \cdot \frac{-2x+8}{(x-1)(2x+1)}$$
$$= -\frac{2(x-4)(x-1)}{(2x+1)^4}$$

である．

(4)　両辺の対数をとると，$\log y = x\log(\cos x)$ である．両辺を x で微分すると，

$$\frac{y'}{y} = \log(\cos x) + x \cdot \frac{-\sin x}{\cos x}$$
$$= \log(\cos x) - x\tan x$$

となるので，求める導関数は

$$y' = y\{\log(\cos x) - x\tan x\}$$
$$= (\cos x)^x\{\log(\cos x) - x\tan x\}$$

である．

5.18　(1) $y' = \dfrac{1}{1 + \left(\dfrac{a+x}{1-ax}\right)^2} \cdot \left(\dfrac{a+x}{1-ax}\right)'$

$$= \frac{1}{1 + \left(\dfrac{a+x}{1-ax}\right)^2}$$
$$\cdot \frac{1 \cdot (1-ax) - (a+x)(-a)}{(1-ax)^2}$$
$$= \frac{(1-ax)^2}{(1-ax)^2 + (a+x)^2} \cdot \frac{1+a^2}{(1-ax)^2}$$
$$= \frac{1+a^2}{1 + a^2 + a^2x^2 + x^2}$$

$$= \frac{1+a^2}{(1+a^2)(x^2+1)} = \frac{1}{x^2+1}$$

(2) $y' = -\dfrac{1}{\sqrt{1 - \left(\dfrac{1-x^2}{1+x^2}\right)^2}} \cdot \left(\dfrac{1-x^2}{1+x^2}\right)'$

$$= -\frac{1}{\sqrt{1 - \left(\dfrac{1-x^2}{1+x^2}\right)^2}}$$
$$\cdot \frac{-2x(1+x^2) - (1-x^2)\cdot 2x}{(1+x^2)^2}$$
$$= -\frac{1+x^2}{\sqrt{(1+x^2)^2 - (1-x^2)^2}} \cdot \frac{-4x}{(1+x^2)^2}$$
$$= -\frac{1}{\sqrt{4x^2}} \cdot \frac{-4x}{1+x^2} = \frac{2}{x^2+1}$$

(3) $y' = \sqrt{a^2-x^2} + x \cdot \dfrac{-2x}{2\sqrt{a^2-x^2}}$

$$\qquad + a^2 \cdot \frac{1}{\sqrt{a^2-x^2}}$$
$$= \sqrt{a^2-x^2} + \frac{a^2-x^2}{\sqrt{a^2-x^2}}$$
$$= 2\sqrt{a^2-x^2}$$

5.19　(1) $y = \dfrac{1}{3}\log\dfrac{x}{3x+5}$

$$= \frac{1}{3}\{\log x - \log(3x+5)\}$$

であるから，

$$y' = \frac{1}{3}\left(\frac{1}{x} - \frac{3}{3x+5}\right) = \frac{5}{3x(3x+5)}$$

(2) 第 1 項を部分分数に分解し，第 2 項を対数の性質を利用して変形すると，

$$y = -\frac{1}{x} - \frac{1}{x-1} + 2\{\log x - \log(x-1)\}$$

となるので，

$$y' = \frac{1}{x^2} + \frac{1}{(x-1)^2} + 2\left(\frac{1}{x} - \frac{1}{x-1}\right)$$
$$= \frac{1}{x^2} + \frac{1}{(x-1)^2} - \frac{2}{x(x-1)}$$
$$= \frac{1}{x^2(x-1)^2}$$

(3) $y' = \dfrac{1 \cdot \sqrt{a^2-x^2} - x \cdot \dfrac{-2x}{2\sqrt{a^2-x^2}}}{a^2-x^2}$

$$\qquad - \frac{1}{\sqrt{a^2-x^2}}$$

$$= \frac{(a^2 - x^2) + x^2}{\sqrt{(a^2 - x^2)^3}} - \frac{1}{\sqrt{a^2 - x^2}}$$

$$= \frac{a^2 - (a^2 - x^2)}{\sqrt{(a^2 - x^2)^3}}$$

$$= \frac{x^2}{\sqrt{(a^2 - x^2)^3}}$$

(4) $\log\sqrt{1 + x^2} = \frac{1}{2}\log(1 + x^2)$ と変形すると

$$y' = 1 \cdot \tan^{-1} x + \frac{x}{1 + x^2} - \frac{1}{2} \cdot \frac{2x}{1 + x^2}$$

$$= \tan^{-1} x$$

5.20 (1) $\displaystyle\lim_{x \to \infty} \left(1 + \frac{1}{2x}\right)^x$

$$= \lim_{x \to \infty} \left\{\left(1 + \frac{1}{2x}\right)^{2x}\right\}^{\frac{1}{2}} = e^{\frac{1}{2}} = \sqrt{e}$$

(2) $\displaystyle\lim_{x \to \infty} \left(1 - \frac{3}{x}\right)^x$

$$= \lim_{x \to \infty} \left\{\left(1 + \frac{1}{-\frac{x}{3}}\right)^{-\frac{x}{3}}\right\}^{-3}$$

$$= e^{-3} = \frac{1}{e^3}$$

(3) $\displaystyle\lim_{h \to 0} (1 + 3h)^{\frac{1}{h}} = \lim_{h \to 0} \left\{(1 + 3h)^{\frac{1}{3h}}\right\}^3$

$$= e^3$$

(4) $\displaystyle\lim_{h \to 0} (1 - h)^{\frac{1}{2h}}$

$$= \lim_{h \to 0} \left\{\left(1 + (-h)\right)^{\frac{1}{-h}}\right\}^{-\frac{1}{2}} = e^{-\frac{1}{2}} = \frac{1}{\sqrt{e}}$$

5.21 (1) $\displaystyle\lim_{h \to 0} \frac{e^{2h} - 1}{h} = \lim_{h \to 0} \frac{e^{2h} - 1}{2h} \cdot 2$

$$= 1 \cdot 2 = 2$$

(2) $\displaystyle\lim_{h \to 0} \frac{e^{2h} - 1}{3h} = \lim_{h \to 0} \frac{e^{2h} - 1}{2h} \cdot \frac{2}{3}$

$$= 1 \cdot \frac{2}{3} = \frac{2}{3}$$

(3) $\displaystyle\lim_{h \to 0} \frac{e^{-h} - 1}{h} = \lim_{h \to 0} \frac{e^{-h} - 1}{-h} \cdot (-1)$

$$= 1 \cdot (-1) = -1$$

5.22 (1) $\displaystyle\lim_{\theta \to 0} \frac{\sin 4\theta}{3\theta} = \lim_{\theta \to 0} \frac{\sin 4\theta}{4\theta} \cdot \frac{4}{3} = \frac{4}{3}$

(2) $\displaystyle\lim_{\theta \to 0} \frac{4\theta}{\sin 5\theta} = \lim_{\theta \to 0} \frac{5\theta}{\sin 5\theta} \cdot \frac{4}{5} = \frac{4}{5}$

(3) $\displaystyle\lim_{\theta \to 0} \frac{\sin 4\theta}{\sin 2\theta} = \lim_{\theta \to 0} \frac{\sin 4\theta}{4\theta} \cdot \frac{2\theta}{\sin 2\theta} \cdot \frac{4}{2}$

$$= 2$$

(4) $\displaystyle\lim_{\theta \to 0} \frac{\tan 3\theta}{4\theta} = \lim_{\theta \to 0} \frac{\tan 3\theta}{3\theta} \cdot \frac{3}{4} = \frac{3}{4}$

(5) $\displaystyle\lim_{\theta \to 0} \frac{\tan 2\theta}{\sin 4\theta} = \lim_{\theta \to 0} \frac{\tan 2\theta}{2\theta} \cdot \frac{4\theta}{\sin 4\theta} \cdot \frac{2}{4}$

$$= \frac{1}{2}$$

(6) 半角の公式より，$\sin^2 \theta = \dfrac{1 - \cos 2\theta}{2}$ であるから，

$$\lim_{\theta \to 0} \frac{1 - \cos 2\theta}{\theta^2} = \lim_{\theta \to 0} \frac{2\sin^2 \theta}{\theta^2}$$

$$= \lim_{\theta \to 0} 2\left(\frac{\sin \theta}{\theta}\right)^2 = 2$$

5.23 (1) $x - \dfrac{\pi}{2} = t$ とおくと $x \to \dfrac{\pi}{2}$ のとき $t \to 0$ であり，$\sin x = \sin\left(\dfrac{\pi}{2} + t\right) = \cos t$ であるから，

$$\lim_{x \to \frac{\pi}{2}} \frac{\sin x - 1}{\left(x - \frac{\pi}{2}\right)^2} = \lim_{t \to 0} \frac{\cos t - 1}{t^2}$$

$$= \lim_{t \to 0} \frac{\cos^2 t - 1}{t^2 (\cos t + 1)}$$

$$= \lim_{t \to 0} \frac{\sin^2 t}{t^2} \cdot \frac{-1}{1 + \cos t}$$

$$= -\frac{1}{2}$$

(2) $t = \sin^{-1} x$ とおくと $x \to 0$ のとき $t \to 0$ である．$x = \sin t$ であるから，

$$\lim_{x \to 0} \frac{\sin^{-1} x}{x} = \lim_{t \to 0} \frac{t}{\sin t} = 1$$

(3) $\displaystyle\lim_{x \to 0} \frac{\sin^2 3x}{x \sin 2x}$

$$= \lim_{x \to 0} \left(\frac{\sin 3x}{3x}\right)^2 \cdot \frac{2x}{\sin 2x} \cdot \frac{9}{2} = \frac{9}{2}$$

(4) $\displaystyle\lim_{x \to 0} \frac{x}{\sin x - \sin 2x}$

$$= \lim_{x \to 0} \frac{x}{\sin x - 2\sin x \cos x}$$

$$= \lim_{x \to 0} \frac{x}{\sin x} \cdot \frac{1}{1 - 2\cos x} = -1$$

5.24 $-1 \leqq \cos\dfrac{x}{2} \leqq 1$ である．$x \to \infty$ のとき $x > 0$ と考えてよいから，両辺に $\dfrac{1}{x}$ をかけると，$-\dfrac{1}{x} \leqq \dfrac{1}{x}\cos\dfrac{x}{2} \leqq \dfrac{1}{x}$ である．$x \to \infty$ の

とき $\pm\dfrac{1}{x}\to 0$ であるので，はさみうちの原理により $\lim\limits_{x\to\infty}\dfrac{1}{x}\cos\dfrac{x}{2}=0$ である．

5.25 逆関数の微分法より $\dfrac{dy}{dx}=\dfrac{1}{\frac{dx}{dy}}$ であることを利用する．

(1) $\dfrac{dx}{dy}=\dfrac{2y+1}{y^2+y+1}$ であるので，

$\dfrac{dy}{dx}=\dfrac{y^2+y+1}{2y+1}$ である．

(2) $\dfrac{dx}{dy}=e^{-\frac{y^2}{2}}-y^2 e^{-\frac{y^2}{2}}=(1-y^2)e^{-\frac{y^2}{2}}$ であるので，

$\dfrac{dy}{dx}=\dfrac{1}{(1-y^2)e^{-\frac{y^2}{2}}}=\dfrac{e^{\frac{y^2}{2}}}{1-y^2}$ である．

5.26 (1) $\lim\limits_{x\to 0}x\sin\dfrac{1}{x}=0$ が成り立てば，$f(x)$ は $x=0$ で連続である．$\left|\sin\dfrac{1}{x}\right|\leqq 1$ より，$0\leqq\left|x\sin\dfrac{1}{x}\right|\leqq|x|$ であるから，はさみうちの原理（Q5.24）より $x\to 0$ のとき $x\sin\dfrac{1}{x}\to 0$ である．したがって，$\lim\limits_{x\to 0}f(x)=f(0)$ が成り立つので，$f(x)$ は $x=0$ で連続である．

次に，微分係数の定義から，

$$f'(0)=\lim_{h\to 0}\frac{f(0+h)-f(0)}{h}$$
$$=\lim_{h\to 0}\frac{h\sin\frac{1}{h}}{h}=\lim_{h\to 0}\sin\frac{1}{h}$$

である．$h\to 0$ のとき $\dfrac{1}{h}\to\pm\infty$ となり，$\sin\dfrac{1}{h}$ は区間 $[-1,1]$ の範囲を変化して一定の値には収束しないので，$f'(0)$ は存在しない．したがって，$f(x)$ は $x=0$ で微分可能ではない．

(2) $\lim\limits_{x\to 0}x^2\sin\dfrac{1}{x}=0$ が成り立てば，$f(x)$ は $x=0$ で連続である．$\left|\sin\dfrac{1}{x}\right|\leqq 1$ より，$0\leqq\left|x^2\sin\dfrac{1}{x}\right|\leqq\left|x^2\right|$ であるから，は

さみうちの原理（Q5.24）より $x\to 0$ のとき $x^2\sin\dfrac{1}{x}\to 0$ である．したがって，$\lim\limits_{x\to 0}f(x)=f(0)$ が成り立つので，$f(x)$ は $x=0$ で連続である．

次に，微分係数の定義から，

$$f'(0)=\lim_{h\to 0}\frac{f(0+h)-f(0)}{h}$$
$$=\lim_{h\to 0}\frac{h^2\sin\frac{1}{h}}{h}=\lim_{h\to 0}h\sin\frac{1}{h}$$

である．$0\leqq\left|h\sin\dfrac{1}{h}\right|\leqq|h|$ であるので，$h\to 0$ のとき $h\sin\dfrac{1}{h}\to 0$ である．したがって，$f(x)$ は $x=0$ で微分可能で $f'(0)=0$ である．

5.27 (1) $\sinh x\cosh y+\cosh x\sinh y$
$$=\frac{e^x-e^{-x}}{2}\cdot\frac{e^y+e^{-y}}{2}$$
$$+\frac{e^x+e^{-x}}{2}\cdot\frac{e^y-e^{-y}}{2}$$
$$=\frac{e^x e^y+e^x e^{-y}-e^{-x}e^y-e^{-x}e^{-y}}{4}$$
$$+\frac{e^x e^y-e^x e^{-y}+e^{-x}e^y-e^{-x}e^{-y}}{4}$$
$$=\frac{e^{x+y}-e^{-(x+y)}}{2}=\sinh(x+y)$$

(2) $\cosh x\cosh y+\sinh x\sinh y$
$$=\frac{e^x+e^{-x}}{2}\cdot\frac{e^y+e^{-y}}{2}$$
$$+\frac{e^x-e^{-x}}{2}\cdot\frac{e^y-e^{-y}}{2}$$
$$=\frac{e^x e^y+e^x e^{-y}+e^{-x}e^y+e^{-x}e^{-y}}{4}$$
$$+\frac{e^x e^y-e^x e^{-y}-e^{-x}e^y+e^{-x}e^{-y}}{4}$$
$$=\frac{e^{x+y}+e^{-(x+y)}}{2}=\cosh(x+y)$$

5.28 (1) 和を積に直す公式から，
$\cos 4x-\cos 2x=-2\sin 3x\sin x$ である．
$$\lim_{x\to 0}\frac{\cos 4x-\cos 2x}{x\sin 2x}$$
$$=\lim_{x\to 0}\frac{-2\sin 3x\sin x}{x\sin 2x}$$

$$= -2 \lim_{x \to 0} \frac{\sin 3x}{3x} \cdot \frac{\sin x}{x} \cdot \frac{2x}{\sin 2x} \cdot \frac{3}{2}$$

$$= -2 \cdot \frac{3}{2} = -3$$

(2) $\displaystyle \lim_{h \to 0} \frac{e^h - 1}{h} = 1$ (Q5.21), $\displaystyle \lim_{\theta \to 0} \frac{\sin \theta}{\theta} = 1$ であることを利用すると,

$$\lim_{x \to 0} \frac{\sin x^2}{e^{x^2} - 1} = \lim_{x \to 0} \frac{\dfrac{\sin x^2}{x^2}}{\dfrac{e^{x^2} - 1}{x^2}} = 1$$

5.29 (1) $y' = e^{-\cos \frac{1}{x}} \cdot \left(-\cos \dfrac{1}{x} \right)'$

$$= e^{-\cos \frac{1}{x}} \sin \frac{1}{x} \cdot \left(\frac{1}{x} \right)'$$

$$= -\frac{1}{x^2} e^{-\cos \frac{1}{x}} \sin \frac{1}{x}$$

(2) $\cos \left(\cos^{-1} \alpha \right) = \alpha$,

$\left(\cos^{-1} x \right)' = -\dfrac{1}{\sqrt{1 - x^2}}$

であることなどを利用すると,

$$y' = \cos \left(\cos^{-1} \frac{x}{\sqrt{x^2+1}} \right) \left(\cos^{-1} \frac{x}{\sqrt{x^2+1}} \right)'$$

$$= \frac{x}{\sqrt{x^2+1}} \cdot \frac{-1}{\sqrt{1 - \dfrac{x^2}{x^2+1}}} \cdot \left(\frac{x}{\sqrt{x^2+1}} \right)'$$

$$= \frac{x}{\sqrt{x^2+1}} \cdot \left(-\sqrt{x^2+1} \right)$$

$$\cdot \frac{\sqrt{x^2+1} - x \cdot \dfrac{x}{\sqrt{x^2+1}}}{x^2+1}$$

$$= -\frac{x}{\sqrt{(x^2+1)^3}}$$

5.30 (1) 両辺の対数をとって,

$\log y = x \log(\sin x)$ を微分することにより,

$\dfrac{y'}{y} = \log(\sin x) + x \cdot \dfrac{\cos x}{\sin x}$ であるので,

$$y' = (\sin x)^x \left\{ \log(\sin x) + \frac{x}{\tan x} \right\}$$

(2) 両辺の対数をとって, $\log y = -x \log(\log x)$ を微分することにより,

$$\frac{y'}{y} = -\log(\log x) - x \cdot \frac{\dfrac{1}{x}}{\log x}$$

$$= -\log(\log x) - \frac{1}{\log x}$$

であるので,

$$y' = -(\log x)^{-x} \left\{ \log(\log x) + \frac{1}{\log x} \right\}$$

5.31 $\dfrac{dx}{dy} = \left(\dfrac{y^2 - 2}{y^2 + 2} \right)' = \dfrac{8y}{(y^2 + 2)^2}$ であるので, 逆関数の微分法より,

$$\frac{dy}{dx} = \frac{1}{\dfrac{dx}{dy}} = \frac{(y^2 + 2)^2}{8y} \ \text{である}.$$

第 6 節　微分法の応用

6.1 (1) $y' = -\dfrac{2x}{(x^2+4)^2}$, $\displaystyle \lim_{x \to \pm\infty} \frac{1}{x^2+4} = 0$ であるから, x 軸が漸近線になる.

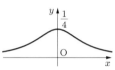

x	$\cdots$	0	$\cdots$
y'	$+$	0	$-$
y	$\nearrow$	$\frac{1}{4}$	$\searrow$

（極大）

$x = 0$ のとき極大値 $y = \dfrac{1}{4}$, 極小値はない.

(2) $y' = -\dfrac{3(x-2)}{2\sqrt{3-x}}$, 定義域は $x \leqq 3$

x	$\cdots$	2	$\cdots$	3
y'	$+$	0	$-$	
y	$\nearrow$	2	$\searrow$	0

（極大）

$x = 2$ のとき極大値 $y = 2$, 極小値はない.

(3) $y' = -xe^{-x}$

x	-2	$\cdots$	0	$\cdots$	2
y'		$+$	0	$-$	
y	$-e^2$	$\nearrow$	1	$\searrow$	$3e^{-2}$

（極大）

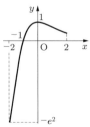

$x = 0$ のとき極大値 $y = 1$, 極小値はない.

(4) $y' = \dfrac{1 - \log x}{x^2}$, 定義域は $x > 0$

$\displaystyle\lim_{x\to+0}\frac{\log x}{x}=-\infty$ であるから，y 軸が漸近線になる．

x	0	$\cdots$	e	$\cdots$	e^2
y'		$+$	0	$-$	
y		$\nearrow$	$\dfrac{1}{e}$	$\searrow$	$2e^{-2}$

（極大）

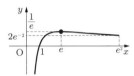

$x=e$ のとき極大値 $y=\dfrac{1}{e}$，極小値はない．

6.2　(1) $y'=1-\dfrac{1}{\sqrt{x}}=\dfrac{\sqrt{x}-1}{\sqrt{x}}$

x	0	$\cdots$	1	$\cdots$	4
y'		$-$	0		
y	0	$\searrow$	-1	$\nearrow$	0

（最大）　（最小）　（最大）

$x=0,4$ のとき最大値 $y=0$，
$x=1$ のとき最小値 $y=-1$

(2) $y'=-\dfrac{2(x+1)(x-1)}{(x^2+1)^2}$

x	0	$\cdots$	1	$\cdots$	4
y'		$+$	0	$-$	
y	0	$\nearrow$	1	$\searrow$	$\dfrac{8}{17}$

（最小）　（最大）

$x=1$ のとき最大値 $y=1$，
$x=0$ のとき最小値 $y=0$

(3) $y'=(x-1)e^x$

x	-1	$\cdots$	1	$\cdots$	2
y'		$-$	0	$+$	
y	$-\dfrac{3}{e}$	$\searrow$	$-e$	$\nearrow$	0

（最小）　（最大）

$x=2$ のとき最大値 $y=0$，
$x=1$ のとき最小値 $y=-e$

(4) $y'=2x-\dfrac{2}{x^2}=\dfrac{2(x-1)(x^2+x+1)}{x^2}$

$x^2+x+1=\left(x+\dfrac{1}{2}\right)^2+\dfrac{3}{4}>0$

$\displaystyle\lim_{x\to+0}\left(x^2+\dfrac{2}{x}\right)=\infty$

x	0	$\cdots$	1	$\cdots$	2
y'		$-$	0	$+$	
y		$\searrow$	3	$\nearrow$	5

（最小）

$x=1$ のとき最小値 $y=3$，最大値はない．

6.3　(1) $y'=6x+4$，$y''=6$

(2) $y'=16x(2x^2+1)^3$，
$y''=16(14x^2+1)(2x^2+1)^2$

(3) $y'=16x^3-12x^2+2x$，
$y''=48x^2-24x+2$

(4) $y'=-2\cos x\sin x=-\sin 2x$，
$y''=2\sin^2 x-2\cos^2 x=-2\cos 2x$

(5) $y'=(1-x)e^{-x}$，$y''=(x-2)e^{-x}$

(6) $y'=\dfrac{2\log x}{x}$，$y''=\dfrac{2(1-\log x)}{x^2}$

6.4　グラフで，変曲点は黒丸で示した．

(1) $y'=3(x+1)(x-1)$，$y''=6x$

x	$\cdots$	-1	$\cdots$	0	$\cdots$	1	$\cdots$
y'	$+$	0	$-$	$-$	$-$	0	$+$
y''	$-$	$-$	$-$	0	$+$	$+$	$+$
y	$\nearrow$	3	$\searrow$	1	$\searrow$	-1	$\nearrow$

（極大）（変曲点）（極小）

$x=-1$ のとき極大値 $y=3$，
$x=1$ のとき極小値 $y=-1$，変曲点 $(0,1)$

(2) $y'=4x^2(x-3)$，$y''=12x(x-2)$

x	$\cdots$	0	$\cdots$	2	$\cdots$	3	$\cdots$
y'	$-$	0	$-$	$-$	$-$	0	$+$
y''	$+$	0	$-$	0	$+$	$+$	$+$
y	$\searrow$	3	$\searrow$	-13	$\searrow$	-24	$\nearrow$

（変曲点）　（変曲点）　（極小）

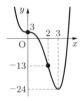

$x = 3$ のとき極小値 $y = -24$，極大値はない．
変曲点 $(0,3), (2,-13)$

(3) $y' = -\dfrac{4x}{(1+x^2)^2}$, $y'' = \dfrac{4(3x^2-1)}{(1+x^2)^3}$

$\displaystyle\lim_{x\to\pm\infty}\dfrac{1-x^2}{1+x^2} = -1$ であるから，$y = -1$
が漸近線である．

x	$\cdots$	$-\dfrac{1}{\sqrt{3}}$		0		$\dfrac{1}{\sqrt{3}}$	$\cdots$
y'	$+$	$+$	$+$	0	$-$	$-$	$-$
y''	$+$	0	$-$	$-$	$-$	0	$+$
y	↗	$\dfrac{1}{2}$	↗	1	↘	$\dfrac{1}{2}$	↘

（変曲点）　（極大）　（変曲点）

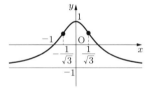

$x = 0$ のとき極大値 1，極小値はない．変曲
点 $\left(-\dfrac{1}{\sqrt{3}}, \dfrac{1}{2}\right)$, $\left(\dfrac{1}{\sqrt{3}}, \dfrac{1}{2}\right)$

(4) $y' = \dfrac{e^{-x}}{(1+e^{-x})^2}$, $y'' = \dfrac{e^{-x}(e^{-x}-1)}{(1+e^{-x})^3}$

$\displaystyle\lim_{x\to-\infty}\dfrac{1}{1+e^{-x}} = 0$, $\displaystyle\lim_{x\to\infty}\dfrac{1}{1+e^{-x}} = 1$
漸近線は，x 軸と $y = 1$ である．

x		0	
y'	$+$	$+$	$+$
y''	$+$	0	$-$
y	↗	$\dfrac{1}{2}$	↗

極値はとらない．変曲点は $\left(0, \dfrac{1}{2}\right)$

6.5　(1) $dy = 3x^2 dx$　(2) $dy = -\dfrac{dx}{x^2}$

(3) $dy = \dfrac{dx}{2\sqrt{x}}$　(4) $dy = \dfrac{dx}{x}$

(5) $dy = \cos x\, dx$　(6) $dy = \dfrac{dx}{1+x^2}$

6.6　関数 $y = f(x)$ について，$x = 1$ の近
くでは Δy の値は $dy = f'(1)dx$ で近似す
ることができる．$dx = 0.02$ であるので，
$\Delta y \fallingdotseq dy = f'(1)\cdot 0.02$ を計算する．近似値
は $f(1) + dy$ である．

(1) $dy = (3x^2 - 4x + 3)dx$, $\Delta y \fallingdotseq 0.04$, 近
似値は -2.96

(2) $dy = -\dfrac{2x}{(x^2+1)^2}dx$, $\Delta y \fallingdotseq -0.01$, 近
似値は 0.49

(3) $dy = -e^{1-x}dx$, $\Delta y \fallingdotseq -0.02$, 近似値は
0.98

(4) $dy = \dfrac{1}{x}dx$, $\Delta y \fallingdotseq 0.02$, 近似値は 0.02

6.7　(1) $\Delta S \fallingdotseq dS = 8\pi r dr$, $12.56\,\mathrm{cm}^2$

(2) $\dfrac{dS}{S} = 2\cdot\dfrac{dr}{r}$, およそ 2%

6.8　(1) $v(t) = -\dfrac{t^2}{2} + \dfrac{t}{2} + 3$, $\alpha(t) = -t + \dfrac{1}{2}$

(2) 2　(3) 3 秒後，$x = \dfrac{27}{4}$　(4) 0.5 秒後まで

6.9　石を投げてから t 秒後の円の半径は $r =$
$1.2t\,[\mathrm{m}]$，面積は $S = \pi r^2\,[\mathrm{m}^2]$ である．10 秒
後の半径は $12\,\mathrm{m}$ であり，$\dfrac{dr}{dt} = 1.2$ である
から，面積の増加する速度は

$$\dfrac{dS}{dt} = 2\pi r\cdot\dfrac{dr}{dt} = 2.4\pi r \fallingdotseq 90.4\,[\mathrm{m^2/s}]$$

である．

6.10　接線，法線の順に示す．

(1) $y = -\dfrac{1}{2}x + 1$, $y = 2x - \dfrac{3}{2}$

(2) $y = -\sqrt{2}x + 5\sqrt{2}$, $y = \dfrac{\sqrt{2}}{2}x + \dfrac{7\sqrt{2}}{2}$

(3) $y = x$, $y = -x$

(4) $y = \dfrac{\sqrt{2}}{2}x - \dfrac{\sqrt{2}}{8}(\pi - 4)$,

$\qquad y = -\sqrt{2}x + \dfrac{\sqrt{2}}{4}(\pi + 2)$

6.11　(1) 接点を $\left(a, \sqrt{2a-1}\right)$ とすると，

$y' = \dfrac{1}{\sqrt{2x-1}}$ であるから，接線の方程式
は

$$y = \dfrac{1}{\sqrt{2a-1}}(x - a) + \sqrt{2a-1}$$

である．この直線が原点を通るので，

$0 = \dfrac{1}{\sqrt{2a-1}} \cdot (-a) + \sqrt{2a-1}$ である. 移項して分母を払うと $a=1$ が得られるので, 求める接線の方程式は $y=x$ である.

(2) 接点を (a, e^{-a}) とすると, $y' = -e^{-x}$ であるから, 接線の方程式は

$$y = -e^{-a}(x-a) + e^{-a}$$

である. これが原点を通るので,

$0 = -e^{-a}(-a) + e^{-a}$ である. これを解いて $a = -1$ が得られるので, 求める接線の方程式は $y = -ex$ である.

6.12 (1) $y' = 2(x+a)(x+b)^2$
$\qquad\qquad + 2(x+a)^2(x+b)$ より,

$y'' = 2(x+b)^2 + 4(x+a)(x+b)$
$\qquad + 4(x+a)(x+b) + 2(x+a)^2$
$\quad = 12x^2 + 12(a+b)x + 2(a^2 + 4ab + b^2)$

(2) $y' = 2a(ax+1)(bx+1)^2$
$\qquad\qquad + 2b(ax+1)^2(bx+1)$ より,

$y'' = 2a^2(bx+1)^2 + 4ab(ax+1)(bx+1)$
$\qquad + 4ab(ax+1)(bx+1) + 2b^2(ax+1)^2$
$\quad = 12a^2b^2x^2 + 12ab(a+b)x$
$\qquad + 2(a^2 + 4ab + b^2)$

6.13 (1) $y' = -\dfrac{(x^2+1)'}{(x^2+1)^2} = -\dfrac{2x}{(x^2+1)^2}$,

$y'' = -\dfrac{2(x^2+1)^2 - 2x \cdot 2(x^2+1) \cdot 2x}{(x^2+1)^4}$

$\quad = -\dfrac{2(x^2+1) - 8x^2}{(x^2+1)^3} = \dfrac{2(3x^2-1)}{(x^2+1)^3}$

(2) $y' = \dfrac{(x^2+1)'}{2\sqrt{x^2+1}} = \dfrac{x}{\sqrt{x^2+1}}$,

$y'' = \dfrac{1 \cdot \sqrt{x^2+1} - x\dfrac{x}{\sqrt{x^2+1}}}{\left(\sqrt{x^2+1}\right)^2}$

$\quad = \dfrac{x^2+1-x^2}{\sqrt{(x^2+1)^3}} = \dfrac{1}{\sqrt{(x^2+1)^3}}$

(3) $y' = \dfrac{(x+\sqrt{x^2+1})'}{x+\sqrt{x^2+1}} = \dfrac{1 + \dfrac{x}{\sqrt{x^2+1}}}{x+\sqrt{x^2+1}}$

$\quad = \dfrac{\sqrt{x^2+1}+x}{(x+\sqrt{x^2+1})\sqrt{x^2+1}}$

$\quad = \dfrac{1}{\sqrt{x^2+1}} = (x^2+1)^{-\frac{1}{2}}$,

$y'' = -\dfrac{1}{2} \cdot \dfrac{(x^2+1)'}{\sqrt{(x^2+1)^3}} = -\dfrac{x}{\sqrt{(x^2+1)^3}}$

(4) $y' = e^{-x^2}(-x^2)' = -2xe^{-x^2}$,

$y'' = -2 \cdot e^{-x^2} - 2x\left(-2xe^{-x^2}\right)$

$\quad = 2(2x^2-1)e^{-x^2}$

(5) $y' = 3\cos^2 x(\cos x)' = -3\cos^2 x \sin x$,

$y'' = -3\{2\cos x(-\sin x)\sin x + \cos^2 x \cdot \cos x\}$

$\quad = -3\cos x(\cos^2 x - 2\sin^2 x)$

(6) $y' = \dfrac{(1+\sin x)'}{1+\sin x} = \dfrac{\cos x}{1+\sin x}$,

$y'' = \dfrac{(-\sin x)(1+\sin x) - \cos x \cdot \cos x}{(1+\sin x)^2}$

$\quad = \dfrac{-\sin x - \sin^2 x - \cos^2 x}{(1+\sin x)^2}$

$\quad = \dfrac{-(1+\sin x)}{(1+\sin x)^2} = -\dfrac{1}{1+\sin x}$

(7) $y' = \dfrac{1}{\sqrt{1-\dfrac{x^2}{4}}} \cdot \left(\dfrac{x}{2}\right)' = \dfrac{1}{\sqrt{4-x^2}}$,

$y'' = -\dfrac{1}{2} \cdot \dfrac{(4-x^2)'}{\sqrt{(4-x^2)^3}} = \dfrac{x}{\sqrt{(4-x^2)^3}}$

(8) $y' = \dfrac{1}{1+\dfrac{1}{x^2}} \cdot \left(\dfrac{1}{x}\right)' = -\dfrac{1}{x^2+1}$,

$y'' = -\left\{-\dfrac{(x^2+1)'}{(x^2+1)^2}\right\} = \dfrac{2x}{(x^2+1)^2}$

6.14 グラフで, 変曲点は黒丸で示した.
(1) $y' = (x+1)(x-2)^2$, $\quad y'' = 3x(x-2)$

x	$\cdots$	-1	$\cdots$	0	$\cdots$	2	$\cdots$
y'	$-$	0	$+$	$+$	$+$	0	$+$
y''	$+$	$+$	$+$	0	$-$	0	$+$
y	↘	$-\dfrac{11}{4}$	↗	0	↗	4	↗

（極小）　（変曲点）（変曲点）

$x = -1$ のとき極小値 $y = -\dfrac{11}{4}$, 極大値はない. 変曲点 $(0,0), (2,4)$

(2) $y' = 15x^2(x^2-1)$,　$y'' = 30x(2x^2-1)$

x	$\cdots$	-1	$\cdots$	$-\dfrac{\sqrt{2}}{2}$	$\cdots$	0	$\cdots$	$\dfrac{\sqrt{2}}{2}$	$\cdots$	1	$\cdots$
y'	$+$	0	$-$	$-$	$-$	0	$-$	$-$	$-$	0	$+$
y''	$-$	$-$	$-$	0	$+$	0	$-$	0	$+$	$+$	$+$
y	$\nearrow$	2	$\searrow$	$\dfrac{7\sqrt{2}}{8}$	$\searrow$	0	$\searrow$	$-\dfrac{7\sqrt{2}}{8}$	$\searrow$	-2	$\nearrow$
		(極大)		(変曲点)		(変曲点)		(変曲点)		(極小)	

$x=-1$ のとき極大値 $y=2$.
$x=1$ のとき極小値 $y=-2$.
変曲点 $\left(-\dfrac{\sqrt{2}}{2},\ \dfrac{7\sqrt{2}}{8}\right)$, $(0,0)$,
$\left(\dfrac{\sqrt{2}}{2},\ -\dfrac{7\sqrt{2}}{8}\right)$

6.15 グラフで，変曲点は黒丸で示した．
(1) $x=\pm 2$ では定義されず，偶関数である．
$y' = -\dfrac{8x}{(x^2-4)^2}$,　$y'' = \dfrac{8(3x^2+4)}{(x^2-4)^3}$,
$\displaystyle\lim_{x\to\pm\infty}\frac{4}{x^2-4}=0$

x	$-\infty$	$\cdots$	-2	$\cdots$	0	$\cdots$	2	$\cdots$	∞
y'		$+$	／	$+$	0	$-$	／	$-$	
y''		$+$	／	$-$	$-$	$-$	／	$+$	
y	0	$\nearrow$	／	$\nearrow$	-1	$\searrow$	／	$\searrow$	0
					(極大)				

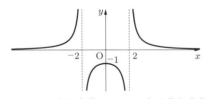

$x=0$ のとき極大値 $y=-1$，極小値と変曲点はない．漸近線は x 軸，$x=\pm 2$ である．
(2) $x=\pm 2$ では定義されず，また奇関数であることに注意する．原点で x 軸と交わる．
$y' = -\dfrac{x^2+4}{(x^2-4)^2}$,　$y'' = \dfrac{2x(x^2+12)}{(x^2-4)^3}$,

$\displaystyle\lim_{x\to\pm\infty}\frac{x}{x^2-4}=0$

x	$-\infty$	$\cdots$	-2	$\cdots$	0	$\cdots$	2	$\cdots$	∞
y'		$-$	／	$-$	$-$	$-$	／	$-$	
y''		$-$	／	$+$	0	$-$	／	$+$	
y	0	$\searrow$	／	$\searrow$	0	$\searrow$	／	$\searrow$	0
					(変曲点)				

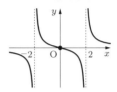

$y'=0$ となる点は存在しないので，極大値も極小値もない．変曲点は $(0,0)$ であり，漸近線は $x=\pm 2$, $y=0$ である．
(3) $\dfrac{e^{-x}-1}{e^{-x}+1} = \dfrac{1-e^x}{1+e^x} = -\dfrac{e^x-1}{e^x+1}$ であるので奇関数である．
$y' = \dfrac{2e^x}{(e^x+1)^2}$,　$y'' = -\dfrac{2e^x(e^x-1)}{(e^x+1)^3}$,
$\displaystyle\lim_{x\to\infty}\frac{e^x-1}{e^x+1} = \lim_{x\to\infty}\frac{1-e^{-x}}{1+e^{-x}} = 1$,
$\displaystyle\lim_{x\to-\infty}\frac{e^x-1}{e^x+1} = -1$

x	$-\infty$	$\cdots$	0	$\cdots$	∞
y'		$+$	$+$	$+$	
y''		$+$	0	$-$	
y	-1	$\nearrow$	0	$\nearrow$	1
			(変曲点)		

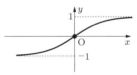

極大値も極小値もない．変曲点は $(0,0)$，漸近線は $y=\pm 1$ である．
(4) $y' = \dfrac{1}{\sqrt{x^2+1}}$,　$y'' = -\dfrac{x}{\sqrt{(x^2+1)^3}}$,
$\displaystyle\lim_{x\to\infty}\log\left|x+\sqrt{x^2+1}\right| = \infty$
$x=-t$ とおくと，$\displaystyle\lim_{x\to-\infty}\log\left|x+\sqrt{x^2+1}\right|$
$= \displaystyle\lim_{t\to\infty}\log\left|\sqrt{t^2+1}-t\right|$

$$= \lim_{t \to \infty} \log \frac{1}{\sqrt{t^2+1}+t} = -\infty$$

x	$-\infty$	$\cdots$	0	$\cdots$	∞
y'		$+$	$+$	$+$	
y''		$+$	0	$-$	
y	$-\infty$	$\nearrow$	0	$\nearrow$	∞

（変曲点）

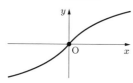

極大値も極小値もない. 変曲点は $(0,0)$, 漸近線はない.

6.16 $y' = 0$ となる点で y'' の符号を調べる.

(1) $y' = 1 - 2\sin x$, $y'' = -2\cos x$ である. $y' = 0$ となるのは $\sin x = \frac{1}{2}$ のときなので, $x = \frac{\pi}{6}, \frac{5\pi}{6}$ のときである. $x = \frac{\pi}{6}$ のとき $y'' = -\sqrt{3} < 0$ より極大になる. 極大値は $y = \frac{\pi}{6} + \sqrt{3}$ である. $x = \frac{5\pi}{6}$ のとき $y'' = \sqrt{3} > 0$ より極小になる. 極小値は $y = \frac{5\pi}{6} - \sqrt{3}$ である.

(2) $y' = e^{-x}(\cos x - \sin x)$, $y'' = -2e^{-x}\cos x$ である. $y' = 0$ となるのは $\cos x = \sin x$ のときなので, $x = \frac{\pi}{4}, \frac{5\pi}{4}$ のときである. $x = \frac{\pi}{4}$ のとき $y'' = -\sqrt{2}e^{-\frac{\pi}{4}} < 0$ より極大になる. 極大値は $y = \frac{\sqrt{2}}{2}e^{-\frac{\pi}{4}}$ である. $x = \frac{5\pi}{4}$ のとき $y'' = \sqrt{2}e^{-\frac{5\pi}{4}} > 0$ より極小になる. 極小値は $y = -\frac{\sqrt{2}}{2}e^{-\frac{5\pi}{4}}$ である.

6.17 (1) $y' = \frac{x(x+6)}{(x+3)^2}$ より, $y' = 0$ となるのは $x = -6, 0$ のときである.

x	-1	$\cdots$	0	$\cdots$	2
y'		$-$	0	$+$	
y	$\frac{1}{2}$	$\searrow$	0	$\nearrow$	$\frac{4}{5}$

（最小）（最大）

$x = 2$ のとき最大値 $y = \frac{4}{5}$.

$x = 0$ のとき最小値 $y = 0$ をとる.

(2) $y' = \frac{1 - \log x}{x^2}$ なので, $y' = 0$ となるのは $\log x = 1$ のときであるから, $x = e$ のときである.

x	$\frac{1}{e}$	$\cdots$	e	$\cdots$	e^2
y'		$+$	0	$-$	
y	$-e$	$\nearrow$	$\frac{1}{e}$	$\searrow$	$\frac{2}{e^2}$

（最小）（最大）

$x = e$ のとき最大値 $y = \frac{1}{e}$,

$x = \frac{1}{e}$ のとき最小値 $y = -e$ をとる.

(3) 定義域は $-2 \leqq x \leqq 2$ である.

$$y' = \sqrt{4 - x^2} + x \cdot \frac{-2x}{2\sqrt{4-x^2}}$$

$$= \frac{(4-x^2) - x^2}{\sqrt{4-x^2}} = \frac{2(2-x^2)}{\sqrt{4-x^2}}$$

より, $y' = 0$ となるのは $x = \pm\sqrt{2}$ のときである.

x	-2	$\cdots$	$-\sqrt{2}$	$\cdots$	$\sqrt{2}$	$\cdots$	2
y'		$-$	0	$+$	0	$-$	
y	0	$\searrow$	-2	$\nearrow$	2	$\searrow$	0

（最小）（最大）

$x = \sqrt{2}$ のとき最大値 $y = 2$,

$x = -\sqrt{2}$ のとき最小値 $y = -2$ をとる.

(4) $y' = -\sin x(2\cos x - 1)$ より, $y' = 0$ となるのは $\sin x = 0$, $\cos x = \frac{1}{2}$ のときである. $0 \leqq x \leqq \frac{4\pi}{3}$ の範囲では $x = 0, \pi, \frac{\pi}{3}$ のときである.

x	0	$\cdots$	$\dfrac{\pi}{3}$	$\cdots$	π	$\cdots$	$\dfrac{4\pi}{3}$
y'		$-$	0	$+$	0	$-$	
y	0	$\searrow$	$-\dfrac{1}{4}$	$\nearrow$	2	$\searrow$	$\dfrac{3}{4}$

　　　　　　（最小）　　（最大）

$x = \pi$ のとき最大値 $y = 2$, $x = \dfrac{\pi}{3}$ のとき

最小値 $y = -\dfrac{1}{4}$ をとる.

6.18 (1) $f'(x) = -\dfrac{x}{\sqrt{(x^2+1)^3}}$ であるか

ら, 接線の傾きは $f'(a) = -\dfrac{a}{\sqrt{(a^2+1)^3}}$

である. 点 $\left(a, \dfrac{1}{\sqrt{a^2+1}}\right)$ における接線の

方程式は

$$y = -\dfrac{a}{\sqrt{(a^2+1)^3}}(x-a) + \dfrac{1}{\sqrt{a^2+1}}$$

$$= -\dfrac{a}{\sqrt{(a^2+1)^3}}x + \dfrac{2a^2+1}{\sqrt{(a^2+1)^3}}$$

(2) $x = p(a)$ は $y = 0$ を満たすから,

$$-\dfrac{a}{\sqrt{(a^2+1)^3}}p(a) + \dfrac{2a^2+1}{\sqrt{(a^2+1)^3}} = 0$$

よって, $p(a) = \dfrac{2a^2+1}{a}$ である.

(3) $p(a)$ を a について微分すると,

$$p'(a) = \dfrac{4a \cdot a - (2a^2+1) \cdot 1}{a^2} = \dfrac{2a^2-1}{a^2}$$

となる. $a > 0$ の範囲で, $p'(a) = 0$ となる

のは $a = \dfrac{\sqrt{2}}{2}$ だけである. 増減表は次のよ

うになる.

a	0		$\dfrac{\sqrt{2}}{2}$	
$p'(a)$		$-$	0	$+$
$p(a)$		$\searrow$	$2\sqrt{2}$	$\nearrow$

　　　　　　　　（最小）

$a = \dfrac{\sqrt{2}}{2}$ のとき最小値 $p\left(\dfrac{\sqrt{2}}{2}\right) = 2\sqrt{2}$ を

とる.

6.19 箱の底面は 1 辺の長さが $18 - 2\sqrt{3}x$, 高

さが $\dfrac{\sqrt{3}}{2}\left(18 - 2\sqrt{3}x\right)$ の正三角形であるか

ら, 底面の面積は $\dfrac{\sqrt{3}}{4}\left(18 - 2\sqrt{3}x\right)^2$ であ

る. また, $18 - 2\sqrt{3}x > 0$ であるから, x の

範囲は $0 < x < 3\sqrt{3}$ である. したがって, 箱

の容積を V とすると,

$$V = \dfrac{\sqrt{3}}{4}\left(18 - 2\sqrt{3}x\right)^2 x$$

$$= \sqrt{3}\left(\sqrt{3}x - 9\right)^2 x \quad (0 < x < 3\sqrt{3})$$

$$= 3\sqrt{3}x^3 - 54x^2 + 81\sqrt{3}x$$

である.

$$\dfrac{dV}{dx} = 9\sqrt{3}\left(x^2 - 4\sqrt{3}x + 9\right)$$

$$= 9\sqrt{3}\left(x - 3\sqrt{3}\right)\left(x - \sqrt{3}\right)$$

であるから, $\dfrac{dV}{dx} = 0$ となるのは

$x = \sqrt{3},\ 3\sqrt{3}$ のときである. $0 < x < 3\sqrt{3}$

のときの増減表は次のようになる.

x	0	$\cdots$	$\sqrt{3}$	$\cdots$	$3\sqrt{3}$
V'		$+$	0	$-$	
V		$\nearrow$	最大	$\searrow$	

よって, $x = \sqrt{3}$ のとき容積が最大になる.

6.20 接線の傾きは $y' = -\dfrac{2x}{(1+x^2)^2}$ である

ので, この関数の最大・最小を求めればよい.

そこで, $f(x) = -\dfrac{2x}{(1+x^2)^2}$ とおくと,

$$f'(x) = -\dfrac{2(1+x^2)^2 - 2x \cdot 2(1+x^2) \cdot 2x}{(1+x^2)^4}$$

$$= -\dfrac{2(1+x^2) - 8x^2}{(1+x^2)^3}$$

$$= \dfrac{2(3x^2-1)}{(1+x^2)^3}$$

であるから, $f(x)$ は $x = \pm\dfrac{\sqrt{3}}{3}$ のときに極

値をとりうる.

$$\lim_{x \to \pm\infty} f(x) = \lim_{x \to \pm\infty} \dfrac{-2x}{(1+x^2)^2}$$

$$= \lim_{x \to \pm\infty} \dfrac{-\dfrac{2}{x^3}}{\left(\dfrac{1}{x^2}+1\right)^2} = 0$$

であるので, $f(x)$ の増減表は次のようになる.

x	$-\infty$	$\cdots$	$-\dfrac{\sqrt{3}}{3}$	$\cdots$	$\dfrac{\sqrt{3}}{3}$	$\cdots$	∞
$f'(x)$		$+$	0	$-$	0	$+$	
$f(x)$	0	$\nearrow$	$\dfrac{3\sqrt{3}}{8}$	$\searrow$	$-\dfrac{3\sqrt{3}}{8}$	$\nearrow$	0

（最大）　　　（最小）

よって，$f(x)$ が最大になるのは $x = -\dfrac{\sqrt{3}}{3}$ のときであり，最小になるのは $x = \dfrac{\sqrt{3}}{3}$ のときである．$x = \pm\dfrac{\sqrt{3}}{3}$ のとき $y = \dfrac{3}{4}$ であるから，曲線 $y = \dfrac{1}{1+x^2}$ の接線の傾きが最大になる点は $\left(-\dfrac{\sqrt{3}}{3}, \dfrac{3}{4}\right)$，最小になる点は $\left(\dfrac{\sqrt{3}}{3}, \dfrac{3}{4}\right)$ である．

6.21 (1) y が増加している範囲を求めればよいので，$x < 0$, $c < x < d$, $d < x$ である．

(2) $y' < 0$ となる範囲であるから，$x < a$, $b < x < d$ である．

(3) 変曲点をとる x の値では，$y'' = 0$ であり，その前後で y'' の符号が変わるから，変曲点の x 座標は $x = a, b, d$ である．

6.22 (1) $y' = 3x(x + 2a)$, $y'' = 6(x + a)$ であるから，増減表は

x	$\cdots$	$-2a$	$\cdots$	$-a$	$\cdots$	0	$\cdots$
y'	$+$	0	$-$	$-$	$-$	0	$+$
y''	$-$	$-$	$-$	0	$+$	$+$	$+$
y	$\nearrow$	$4a^3$	$\searrow$	$2a^3$	$\searrow$	0	$\nearrow$

（極大）　（変曲点）　（極小）

となる．したがって，極大となる点，極小となる点，そして変曲点の座標はそれぞれ A$(-2a, 4a^3)$, B$(0,0)$, C$(-a, 2a^3)$ であり，直線 AB の傾きは $-2a^2$ である．点 C における接線の傾きは，$x = -a$ のとき $y' = -3a^2$ であるから，求める比の値は $\dfrac{2}{3}$ である．

(2) $y' = 3(x + \sqrt{a})(x - \sqrt{a})$, $y'' = 6x$ であるから，増減表は

x	$\cdots$	$-\sqrt{a}$	$\cdots$	0	$\cdots$	$\sqrt{a}$	$\cdots$
y'	$+$	0	$-$	$-$	$-$	0	$+$
y''	$-$	$-$	$-$	0	$+$	$+$	$+$
y	$\nearrow$	$2a\sqrt{a}$	$\searrow$	0	$\searrow$	$-2a\sqrt{a}$	$\nearrow$

（極大）　（変曲点）　（極小）

となる．したがって，極大となる点，極小となる点，そして変曲点の座標はそれぞれ A$(-\sqrt{a}, 2a\sqrt{a})$, B$(\sqrt{a}, -2a\sqrt{a})$, C$(0,0)$ であり，直線 AB の傾きは $-2a$ である．点 C における接線の傾きは，$x = 0$ のとき $y' = -3a$ であるから，求める比の値は $\dfrac{2}{3}$ である．

> 一般の 3 次関数においても，極値をとる点を結ぶ直線の傾きと変曲点における接線の傾きの比は，$\dfrac{2}{3}$ である．

6.23 $y' = \dfrac{x^2 - 2x - (a+1)}{(x-1)^2}$ である．極値をとるのは，$x^2 - 2x - (a+1) = 0$ が異なる 2 つの実数解をもつときであるから，判別式 D の符号が $D > 0$ であればよい．$D = 4(a+2)$ であるので，$a > -2$ である．

6.24 $f(x) = （左辺） - （右辺）$ とおいて $f(x)$ の最小値を調べて，$f(x) \geqq 0$ を示す．以下，$f(x)$ の増減表を示す．極小値だけ計算し，極大値は省略した．

(1) $f'(x) = 1 - \dfrac{1}{1+x} = \dfrac{x}{1+x}$

x	0	$\cdots$
$f'(x)$		$+$
$f(x)$	0	$\nearrow$

（最小）

増減表より，$x \geqq 0$ のとき $f(x) \geqq 0$ であるので，$x \geqq \log(1+x)$ が成り立つ．

(2) $f'(x) = 2\cos x + 2\sin 2x$
$ = 2\cos x + 4\sin x \cos x$
$ = 2\cos x(2\sin x + 1)$

$f'(x) = 0$ となるのは，$\cos x = 0$, $\sin x = -\dfrac{1}{2}$ のときであり，$0 \leqq x \leqq \pi$ の範囲では $x = \dfrac{\pi}{2}$ である．

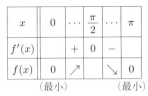

x	0	$\cdots$	$\frac{\pi}{2}$	$\cdots$	π
$f'(x)$		$+$	0	$-$	
$f(x)$	0	$\nearrow$		$\searrow$	0
	(最小)				(最小)

増減表より，$0 \leqq x \leqq \pi$ のとき $f(x) \geqq 0$ であるので，$1 + 2\sin x \geqq \cos 2x$ が成り立つ.

6.25 曲線 $y = \dfrac{x^3 + 1}{x^2}$ と直線 $y = a$ との共有点の個数を調べる．$y = x + \dfrac{1}{x^2}$ であるから，$y' = 1 - \dfrac{2}{x^3} = \dfrac{x^3 - 2}{x^3}$ である．極値をとるのは $x = \sqrt[3]{2}$ のときであり，そのとき $y = \dfrac{3\sqrt[3]{2}}{2}$ である．$y = x + \dfrac{1}{x^2}$ であるから，y 軸のほかに直線 $y = x$ も漸近線である．増減表は次のようになる.

x	$\cdots$	0	$\cdots$	$\sqrt[3]{2}$	$\cdots$
y'	$+$		$-$	0	$+$
y	$\nearrow$		$\searrow$	$\dfrac{3\sqrt[3]{2}}{2}$	$\nearrow$
				(極小)	

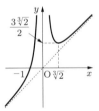

以上より，直線 $y = a$ との共有点の個数を調べることにより，求める実数解の個数は $a < \dfrac{3\sqrt[3]{2}}{2}$ のとき 1 個，$a = \dfrac{3\sqrt[3]{2}}{2}$ のとき 2 個，$a > \dfrac{3\sqrt[3]{2}}{2}$ のとき 3 個である.

6.26 $\angle A = \theta$ とし，この三角形の面積を S とおくと，$S = \dfrac{1}{2} \cdot 5 \cdot 4 \cdot \sin\theta = 10\sin\theta$ であるから，$\Delta S \fallingdotseq dS = 10\cos\theta d\theta$ である．$\theta = \dfrac{\pi}{3}$，$d\theta = 1° = \dfrac{\pi}{180}$ のときを考えて，$\Delta S \fallingdotseq 10 \cdot \dfrac{1}{2} \cdot \dfrac{\pi}{180} = 0.087\cdots$ である．よって，三角形の面積は約 $0.087\,\mathrm{cm}^2$ 増加する.

6.27 (1) 水の深さが $x\,[\mathrm{cm}]$ であるとき，水の表面は半径 $x\,[\mathrm{cm}]$ の円であるから，$S = \pi x^2$，$V = \dfrac{1}{3}\pi x^3$ となる.

(2) $V = 4t$ であるから，$\dfrac{dV}{dt} = 4$ である.

(3) $\dfrac{dS}{dt} = \dfrac{dS}{dx}\dfrac{dx}{dt} = 2\pi x \cdot \dfrac{dx}{dt}$ である．一方，$\dfrac{dV}{dt} = \pi x^2 \dfrac{dx}{dt}$ であり，$\dfrac{dV}{dt} = 4$ であるから，$\pi x^2 \dfrac{dx}{dt} = 4$ である．したがって，$\dfrac{dx}{dt} = \dfrac{4}{\pi x^2}$ となり，$\dfrac{dS}{dt} = 2\pi x \cdot \dfrac{4}{\pi x^2} = \dfrac{8}{x}$ である．水面の高さと半径は同じであるから，$x = 6$ のときの面積の広がる速度は $\dfrac{dS}{dt} = \dfrac{8}{6} = \dfrac{4}{3}\,[\mathrm{cm}^2/\mathrm{s}]$ である.

6.28 長さの単位を $[\mathrm{cm}]$ として考える．この円柱の体積は $V = \pi \cdot 5^2 \cdot 100 = 2500\pi\,[\mathrm{cm}^3]$ であり，引き延ばし始めてから t 分後の長さを $h\,[\mathrm{cm}]$，直径を $l\,[\mathrm{cm}]$ とすると，$h = 100 + 0.5t\,[\mathrm{cm}]$ である．また，体積 V と直径 l の間には $V = \dfrac{1}{4}\pi l^2 h$ という関係がある．両辺を t で微分すると，l と h は t の関数であるから，

$$\frac{dV}{dt} = \frac{1}{4}\pi\left(2l\frac{dl}{dt} \cdot h + l^2\frac{dh}{dt}\right)$$

となる．ここで，体積は一定であるから $\dfrac{dV}{dt} = 0$ となり，毎分 $0.5\,\mathrm{cm}$ の速度で引き延ばすから $\dfrac{dh}{dt} = 0.5$ を得る．したがって，

$$0 = 2l\frac{dl}{dt} \cdot h + 0.5l^2$$

であるから，

$$\frac{dl}{dt} = -\frac{l}{4h}$$

となる．$t = 10$ のとき円柱の長さは $h = 105$ であり，体積は変わらないので，

$$2500\pi = \frac{1}{4}\pi l^2 \cdot 105$$

を得る．これより，$t = 10$ のときの直径は

$$l = \sqrt{\frac{4 \cdot 2500}{105}}$$

となる．したがって，$t = 10$ のときの直径が

減少する速度は次のようになる.

$$\left.\frac{dl}{dt}\right|_{t=10} = \left.-\frac{l}{4h}\right|_{t=10}$$

$$= -\frac{1}{4 \cdot 105}\sqrt{\frac{4 \cdot 2500}{105}}$$

$$= -\frac{25}{\sqrt{105^3}} \fallingdotseq -0.023\,[\mathrm{cm}/\text{分}]$$

6.29 (1) 部分分数に分解すると,

$$y = \frac{2}{x} - \frac{1}{x+1} - \frac{2}{x+2} + \frac{1}{x+1}$$

$$= \frac{2}{x} - \frac{2}{x+2}$$

となる. これを微分すると,

$$y' = -\frac{2}{x^2} + \frac{2}{(x+2)^2}$$

$$y'' = \frac{4}{x^3} - \frac{4}{(x+2)^3}$$

(2) 第2項を変形して

$$y = x\log x + \frac{x - \sqrt{x^2+1}}{x^2 - (x^2+1)}$$

$$= x\log x - \left(x - \sqrt{x^2+1}\right)$$

を微分することにより,

$$y' = \log x + \frac{x}{\sqrt{x^2+1}}$$

$$y'' = \frac{1}{x} + \frac{1 \cdot \sqrt{x^2+1} - x \cdot \dfrac{2x}{2\sqrt{x^2+1}}}{x^2+1}$$

$$= \frac{1}{x} + \frac{(x^2+1) - x^2}{\sqrt{(x^2+1)^3}}$$

$$= \frac{1}{x} + \frac{1}{\sqrt{(x^2+1)^3}}$$

6.30 (1) $\displaystyle\lim_{x\to\pm\infty}\frac{2x}{x^2+1} = \lim_{x\to\pm\infty}\frac{\dfrac{2}{x}}{1+\dfrac{1}{x^2}}$

$= 0$ より, $\displaystyle\lim_{x\to\pm\infty}f(x) = \tan^{-1}0 = 0$

(2) $f'(x)$

$$= \frac{1}{1+\left(\dfrac{2x}{x^2+1}\right)^2} \cdot \frac{2(x^2+1) - 2x \cdot 2x}{(x^2+1)^2}$$

$$= \frac{2 - 2x^2}{(x^2+1)^2 + (2x)^2} = -\frac{2(x+1)(x-1)}{x^4 + 6x^2 + 1}$$

となるので, $f'(x) = 0$ となるのは $x = \pm 1$

のときである. また,

$$f(\pm 1) = \tan^{-1}(\pm 1) = \pm\frac{\pi}{4} \quad (\text{複号同順})$$

であるから, 増減表は次のようになる.

x	$-\infty$	$\cdots$	-1	$\cdots$	1	$\cdots$	∞
$f'(x)$		$-$	0	$+$	0	$-$	
$f(x)$	0	$\searrow$	$-\dfrac{\pi}{4}$	$\nearrow$	$\dfrac{\pi}{4}$	$\searrow$	0

（最小）　（最大）

$x = 1$ のとき最大値 $f(1) = \dfrac{\pi}{4}$,

$x = -1$ のとき最小値 $f(-1) = -\dfrac{\pi}{4}$ をとる.

6.31 $\dfrac{dk}{dx} = 1 - \dfrac{4}{(x-1)^2} = \dfrac{(x+1)(x-3)}{(x-1)^2}$

漸近線 $x = 1$, $y = x - 1$

x	$\cdots$	-1	$\cdots$	1	$\cdots$	3	$\cdots$
$\dfrac{dk}{dx}$	$+$	0	$-$		$-$	0	$+$
k	$\nearrow$	-4	$\searrow$		$\searrow$	4	$\nearrow$

（極大）　　　　（極小）

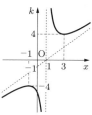

よって, k のとりうる値の範囲は
$k \leq -4$, $4 \leq k$ である.

6.32 $f(x) = e^x - 1 - x - \dfrac{x^2}{2}$ とおくと,

$f'(x) = e^x - 1 - x$ である. $x > 0$ のとき $f''(x) = e^x - 1 > 0$ であるので, $f'(x)$ の増減表は

x	0	$\cdots$
$f''(x)$		$+$
$f'(x)$	0	$\nearrow$

となる. よって, $f'(x)$ は $x > 0$ のとき単調増加であり, $f'(0) = 0$ であるので, $f'(x) > 0$ である. したがって, $f(x)$ の増減表は次のようになる.

x	0	$\cdots$
$f'(x)$		$+$
$f(x)$	0	$\nearrow$

これより，$x > 0$ のとき $f(x)$ も単調増加であり，$f(0) = 0$ であるから，$x > 0$ のとき $f(x) > 0$ である．したがって，$x > 0$ のとき

$$1 + x + \frac{x^2}{2} < e^x$$

が成り立つ．

第3章　積分法

第7節　不定積分

7.1　(1) $\dfrac{1}{5}x^5 + C$　　(2) $-\dfrac{1}{x} + C$

(3) $\dfrac{2}{5}\sqrt{x^5} + C$　　(4) $4\log|x| + C$

7.2　(1) $\dfrac{x^3}{3} - 2x - \dfrac{1}{x} + C$

(2) $x + 4\sqrt{x} + 3\log|x| + C$

(3) $-2\cos x - \dfrac{3}{\tan x} + C$

(4) $2\tan x + x + C$

7.3　(1) $\dfrac{1}{14}(2x - 1)^7 + C$

(2) $\dfrac{1}{5}\log|5x - 4| + C$

(3) $\dfrac{1}{2}\sqrt{4x + 3} + C$

(4) $\dfrac{1}{5}\sin\left(5x + \dfrac{\pi}{4}\right) + C$

(5) $-\dfrac{1}{2}\cos\left(2x + \dfrac{\pi}{3}\right) + C$

(6) $-\dfrac{1}{2}e^{-2x+1} + C$

7.4　(1) $\sin^{-1}\dfrac{\sqrt{3}}{3}x + C$

(2) $\dfrac{\sqrt{2}}{2}\tan^{-1}\dfrac{\sqrt{2}}{2}x + C$

(3) $\dfrac{\sqrt{3}}{6}\log\left|\dfrac{x - \sqrt{3}}{x + \sqrt{3}}\right| + C$

(4) $\sin^{-1}\dfrac{x - 2}{2} + C$

(5) $\dfrac{1}{3}\tan^{-1}(3x + 2) + C$

(6) $\dfrac{1}{8}\log\left|\dfrac{2x + 1}{2x + 5}\right| + C$

7.5　(1) $\dfrac{1}{15}(x^3 + 2)^5 + C$　　$[t = x^3 + 2]$

(2) $\dfrac{1}{3}\sin^3 x + C$　　$[t = \sin x]$

(3) $\sqrt{x^2 + 1} + C$　　$[t = x^2 + 1]$

(4) $-\dfrac{1}{e^x + 3} + C$　　$[t = e^x + 3]$

(5) $\dfrac{1}{3}(\log x)^3 + C$　　$[t = \log x]$

(6) $\dfrac{1}{3}e^{x^3} + C$　　$[t = x^3]$

7.6　(1) $\log(x^2 + 3x + 5) + C$

(2) $\dfrac{1}{5}\log|x^5 - 3| + C$

(3) $\log(e^x + 3) + C$

(4) $\log(1 + \sin x) + C$

(5) $-\log|\sin x + \cos x| + C$

(6) $\log|\log x| + C$

7.7　(1) $\displaystyle\int \dfrac{1}{x^2 - 2x - 3}\,dx$

$= \dfrac{1}{4}\displaystyle\int \left(\dfrac{1}{x - 3} - \dfrac{1}{x + 1}\right)dx$

$= \dfrac{1}{4}\log\left|\dfrac{x - 3}{x + 1}\right| + C$

(2) $\displaystyle\int \dfrac{2x + 1}{x^2 - 2x - 3}\,dx$

$= \dfrac{1}{4}\displaystyle\int \left(\dfrac{1}{x + 1} + \dfrac{7}{x - 3}\right)dx$

$= \dfrac{1}{4}\log|(x + 1)(x - 3)^7| + C$

(3) $\displaystyle\int \dfrac{1}{(x - 1)(x^2 + 1)}\,dx$

$= \dfrac{1}{2}\displaystyle\int \left(\dfrac{1}{x - 1} - \dfrac{1}{x^2 + 1} - \dfrac{x}{x^2 + 1}\right)dx$

$= \dfrac{1}{2}\left\{\log|x - 1| - \tan^{-1} x\right.$

$\left. - \dfrac{1}{2}\log(x^2 + 1)\right\} + C$

$= \dfrac{1}{4}\log\dfrac{(x - 1)^2}{x^2 + 1} - \dfrac{1}{2}\tan^{-1} x + C$

(4) $\displaystyle\int \dfrac{x^2 + x + 1}{(x - 1)(x^2 + 1)}\,dx$

$= \dfrac{1}{2}\displaystyle\int \left(\dfrac{3}{x - 1} + \dfrac{1}{x^2 + 1} - \dfrac{x}{x^2 + 1}\right)dx$

$= \dfrac{1}{2}\left\{3\log|x - 1| + \tan^{-1} x\right.$

$$-\frac{1}{2}\log(x^2+1)\Big\} + C$$

$$=\frac{1}{4}\log\frac{(x-1)^6}{x^2+1} + \frac{1}{2}\tan^{-1}x + C$$

7.8　(1)　$\dfrac{1}{9}(3x-1)e^{3x} + C$

(2)　$-\dfrac{1}{4}(2x+1)e^{-2x} + C$

(3)　$-\dfrac{1}{3}x\cos 3x + \dfrac{1}{9}\sin 3x + C$

(4)　$\dfrac{1}{2}x\sin 2x + \dfrac{1}{4}\cos 2x + C$

7.9　(1)　$\displaystyle\int \tan^{-1}2x\,dx$

$$=x\tan^{-1}2x - \int \frac{2x}{1+4x^2}\,dx + C$$

$$=x\tan^{-1}2x - \frac{1}{4}\log(1+4x^2) + C$$

(2)　$\displaystyle\int \sin^{-1}\frac{x}{2}\,dx$

$$=x\sin^{-1}\frac{x}{2} - \int \frac{x}{\sqrt{4-x^2}}\,dx + C$$

$$=x\sin^{-1}\frac{x}{2} + \sqrt{4-x^2} + C$$

7.10　(1)　$-\dfrac{1}{4}(2x^2+2x+1)e^{-2x} + C$

(2)　$2x\sin x - (x^2-2)\cos x + C$

(3)　$\dfrac{1}{2}x\cos 2x + \dfrac{1}{4}(2x^2-1)\sin 2x + C$

(4)　$\dfrac{1}{27}x^3\left\{9(\log x)^2 - 6\log x + 2\right\} + C$

7.11　(1)　$-\dfrac{1}{5}e^{-x}(\sin 2x + 2\cos 2x) + C$

(2)　$\dfrac{1}{13}e^{2x}(2\cos 3x + 3\sin 3x) + C$

7.12　(1)　$\log\left|x+\sqrt{x^2+2}\right| + C$

(2)　$\dfrac{1}{2}\left(x\sqrt{x^2+3} + 3\log\left|x+\sqrt{x^2+3}\right|\right)$ $+ C$

(3)　$\dfrac{1}{2}\left(x\sqrt{4-x^2} + 4\sin^{-1}\dfrac{x}{2}\right) + C$

(4)　$\dfrac{\sqrt{3}}{3}\log\left|\sqrt{3}x + \sqrt{3x^2+1}\right| + C$

(5)　$\dfrac{1}{4}\left(2x\sqrt{4x^2+3} + 3\log\left|2x+\sqrt{4x^2+3}\right|\right)$ $+ C$

(6)　$\dfrac{1}{4}\left(2x\sqrt{9-4x^2} + 9\sin^{-1}\dfrac{2x}{3}\right) + C$

7.13　(1)　$\displaystyle\int \sqrt{x}(2x+1)^2\,dx$

$$=\int \left(4x^{\frac{5}{2}} + 4x^{\frac{3}{2}} + x^{\frac{1}{2}}\right)dx$$

$$=\frac{8}{7}x^3\sqrt{x} + \frac{8}{5}x^2\sqrt{x} + \frac{2}{3}x\sqrt{x} + C$$

(2)　$\displaystyle\int x\left(2\sqrt{x}+1\right)^2\,dx$

$$=\int \left(4x^2 + 4x^{\frac{3}{2}} + x\right)dx$$

$$=\frac{4}{3}x^3 + \frac{8}{5}x^2\sqrt{x} + \frac{x^2}{2} + C$$

(3)　$\displaystyle\int \frac{\left(2\sqrt{x}+1\right)^2}{x}\,dx$

$$=\int \frac{4x + 4\sqrt{x} + 1}{x}\,dx$$

$$=\int \left(4 + 4x^{-\frac{1}{2}} + \frac{1}{x}\right)dx$$

$$=4x + 8\sqrt{x} + \log|x| + C$$

(4)　$\displaystyle\int \frac{(2x+1)^2}{\sqrt{x}}\,dx = \int \frac{4x^2+4x+1}{\sqrt{x}}\,dx$

$$=\int \left(4x^{\frac{3}{2}} + 4x^{\frac{1}{2}} + x^{-\frac{1}{2}}\right)dx$$

$$=\frac{8}{5}x^2\sqrt{x} + \frac{8}{3}x\sqrt{x} + 2\sqrt{x} + C$$

7.14　(1)〜(4) は，$2x^2 = (\sqrt{2}x)^2$ としてまとめ 7.5 を利用するか，または $t = \sqrt{2}x$ とおいて置換積分を行う．$dt = \sqrt{2}dx$ である．

(1)　$\dfrac{\sqrt{2}}{2}\tan^{-1}\sqrt{2}x + C$

(2)　$-\dfrac{\sqrt{2}}{4}\log\left|\dfrac{\sqrt{2}x-1}{\sqrt{2}x+1}\right| + C$

(3)　$\dfrac{\sqrt{2}}{2}\log\left|\sqrt{2}x + \sqrt{2x^2+1}\right| + C$

(4)　$\dfrac{1}{4}\left(2x\sqrt{1-2x^2} + \sqrt{2}\sin^{-1}\sqrt{2}x\right) + C$

(5)　$\displaystyle\int \frac{x^2}{x^2-9}\,dx = \int \left(1 + \frac{9}{x^2-9}\right)dx$

$$=x + \frac{3}{2}\log\left|\frac{x-3}{x+3}\right| + C$$

(6)　$\displaystyle\int \frac{x^2-4}{x^2+4}\,dx = \int \left(1 - \frac{8}{x^2+4}\right)dx$

$$=x - 4\tan^{-1}\frac{x}{2} + C$$

7.15　(1) $t = x - 1$ とおくと $dt = dx$,
$x = t + 1$ であるから,

$$\int x(x-1)^3\,dx = \int (t+1)t^3\,dt$$

$$= \int (t^4 + t^3)\,dt$$

$$= \frac{1}{5}t^5 + \frac{1}{4}t^4 + C$$

$$= \frac{1}{20}t^4(4t+5) + C$$

$$= \frac{1}{20}(x-1)^4(4x+1) + C$$

(2) $t = 2x + 3$ とおくと $dt = 2dx$,
$x = \frac{1}{2}(t-3)$ であるから,

$$\int x\sqrt{2x+3}\,dx = \frac{1}{2}\int \frac{1}{2}(t-3)\sqrt{t}\,dt$$

$$= \frac{1}{4}\int \left(t^{\frac{3}{2}} - 3t^{\frac{1}{2}}\right)\,dt$$

$$= \frac{1}{10}t^{\frac{5}{2}} - \frac{1}{2}t^{\frac{3}{2}} + C$$

$$= \frac{1}{10}t^{\frac{3}{2}}(t-5) + C$$

$$= \frac{1}{5}(x-1)\sqrt{(2x+3)^3} + C$$

(3) $t = 4 - x$ とおくと $dt = -dx$, $x = 4 - t$
であるから,

$$\int \frac{x}{(4-x)^3}\,dx = \int \frac{4-t}{t^3}\,(-dt)$$

$$= \int (t^{-2} - 4t^{-3})\,dt$$

$$= -\frac{1}{t} + \frac{2}{t^2} + C$$

$$= \frac{-t+2}{t^2} + C$$

$$= \frac{x-2}{(4-x)^2} + C$$

(4) $t = 2x - 1$ とおくと $dt = 2dx$,
$x = \frac{t+1}{2}$ であるから,

$$\int \frac{x}{\sqrt{2x-1}}\,dx = \frac{1}{2}\int \frac{t+1}{2\sqrt{t}}\,dt$$

$$= \frac{1}{4}\int \left(t^{\frac{1}{2}} + t^{-\frac{1}{2}}\right)\,dt$$

$$= \frac{1}{4}\left(\frac{2}{3}t^{\frac{3}{2}} + 2t^{\frac{1}{2}}\right) + C$$

$$= \frac{1}{6}t^{\frac{1}{2}}(t+3) + C$$

$$= \frac{1}{3}(x+1)\sqrt{2x-1} + C$$

7.16　(1) $\displaystyle\int e^x(e^x+1)^3\,dx$

$$= \int (e^x+1)^3(e^x+1)'\,dx = \frac{1}{4}(e^x+1)^4 + C$$

(2) $\displaystyle\int x\sqrt{x^2+1}\,dx$

$$= \frac{1}{2}\int (x^2+1)^{\frac{1}{2}}(x^2+1)'\,dx$$

$$= \frac{1}{3}\sqrt{(x^2+1)^3} + C$$

(3) $\displaystyle\int \frac{\cos x}{(1+\sin x)^3}\,dx$

$$= \int (1+\sin x)^{-3}(1+\sin x)'\,dx$$

$$= -\frac{1}{2(1+\sin x)^2} + C$$

(4) $\displaystyle\int \frac{1}{x(\log x+1)^2}\,dx$

$$= \int (\log x+1)^{-2}(\log x+1)'\,dx$$

$$= -\frac{1}{\log x+1} + C$$

7.17　(1) $\displaystyle\int 2\log(2x+3)\,dx$

$$= \int (2x+3)'\log(2x+3)\,dx$$

$$= (2x+3)\log(2x+3)$$

$$\quad - \int (2x+3)\cdot\frac{2}{2x+3}\,dx$$

$$= (2x+3)\log(2x+3) - 2x + C$$

(2) $t = e^x$ とおくと, $dt = e^x\,dx$ である.

$$\int \frac{e^x}{e^{2x}+1}\,dx = \int \frac{1}{t^2+1}\,dt$$

$$= \tan^{-1}t + C$$

$$= \tan^{-1} e^x + C$$

(3) $\displaystyle \int \frac{x}{\sqrt[3]{x^2 - 5}} \, dx$

$$= \frac{1}{2} \int (x^2 - 5)^{-\frac{1}{3}} \cdot (x^2 - 5)' \, dx$$

$$= \frac{1}{2} \cdot \frac{3}{2} (x^2 - 5)^{\frac{2}{3}} + C$$

$$= \frac{3}{4} \sqrt[3]{(x^2 - 5)^2} + C$$

(4) $t = \sqrt{x}$ とおくと，$x = t^2$ であるから $dx = 2t \, dt$ である．

$$\int e^{\sqrt{x}} \, dx = \int 2t e^t \, dt$$

$$= 2 \left(t e^t - \int e^t \, dt \right)$$

$$= 2(t - 1) e^t + C$$

$$= 2 \left(\sqrt{x} - 1 \right) e^{\sqrt{x}} + C$$

7.18 $x^2 + 4x + 8 = (x + 2)^2 + 4$ である．$t = x + 2$ とおくと $dt = dx$, $x = t - 2$ である．

(1) $\displaystyle \int \frac{x}{x^2 + 4x + 8} \, dx$

$$= \int \frac{x}{(x + 2)^2 + 4} \, dx = \int \frac{t - 2}{t^2 + 4} \, dt$$

$$= \int \frac{t}{t^2 + 4} \, dt - \int \frac{2}{t^2 + 4} \, dt$$

$$= \frac{1}{2} \log(t^2 + 4) - \tan^{-1} \frac{t}{2} + C$$

$$= \frac{1}{2} \log(x^2 + 4x + 8) - \tan^{-1} \frac{x + 2}{2} + C$$

(2) $\displaystyle \int \frac{x}{\sqrt{x^2 + 4x + 8}} \, dx$

$$= \int \frac{x}{\sqrt{(x + 2)^2 + 4}} \, dx = \int \frac{t - 2}{\sqrt{t^2 + 4}} \, dt$$

$$= \int \frac{t}{\sqrt{t^2 + 4}} \, dt - 2 \int \frac{1}{\sqrt{t^2 + 4}} \, dt$$

$$= \sqrt{t^2 + 4} - 2 \log \left(t + \sqrt{t^2 + 4} \right) + C$$

$$= \sqrt{x^2 + 4x + 8}$$

$$\quad - 2 \log \left(x + 2 + \sqrt{x^2 + 4x + 8} \right) + C$$

7.19 (1) 分母を払って整理すると

$$x^2 = ax^2 - (2a - b)x + (a - b + c)$$

となるので，両辺の係数を比較することにより，$a = 1, b = 2, c = 1$ を得る．したがって，

$$\int \frac{x^2}{(x - 1)^3} \, dx$$

$$= \int \left\{ \frac{1}{x - 1} + \frac{2}{(x - 1)^2} + \frac{1}{(x - 1)^3} \right\} dx$$

$$= \log |x - 1| - \frac{2}{x - 1} - \frac{1}{2(x - 1)^2} + C$$

(2) 分母を払って整理すると

$$x + 1 = (a + c)x^3 + (b + d)x^2 + ax + b$$

となるので，両辺の係数を比較することにより，$a = b = 1, c = d = -1$ を得る．したがって，

$$\int \frac{x + 1}{x^2(x^2 + 1)} \, dx$$

$$= \int \left(\frac{1}{x} + \frac{1}{x^2} - \frac{x + 1}{x^2 + 1} \right) dx$$

$$= \log |x| - \frac{1}{x} - \frac{1}{2} \int \frac{(x^2 + 1)'}{x^2 + 1} \, dx$$

$$\quad - \int \frac{1}{x^2 + 1} \, dx$$

$$= \log |x| - \frac{1}{x} - \frac{1}{2} \log(x^2 + 1)$$

$$\quad - \tan^{-1} x + C$$

$$= \frac{1}{2} \log \frac{x^2}{x^2 + 1} - \tan^{-1} x - \frac{1}{x} + C$$

7.20 (1) 被積分関数を変形すると

$$\frac{2x + 5}{x^2 + 4x + 5} = \frac{2x + 4}{x^2 + 4x + 5} + \frac{1}{x^2 + 4x + 5}$$

となるので，求める不定積分は次のようになる．

$$\int \frac{2x + 5}{x^2 + 4x + 5} \, dx$$

$$= \int \frac{(x^2 + 4x + 5)'}{x^2 + 4x + 5} \, dx$$

$$\quad + \int \frac{1}{(x + 2)^2 + 1} \, dx$$

$$= \log(x^2 + 4x + 5) + \tan^{-1}(x+2) + C$$

第 2 項の不定積分の計算では，まとめ 7.5 を利用するか，または $t = x + 2$ として置換積分を行う．

(2) $\dfrac{x^2 + 5}{x^2(x^2 + 4x + 5)}$

$= \dfrac{a}{x} + \dfrac{b}{x^2} + \dfrac{cx + d}{x^2 + 4x + 5}$ とおいて

部分分数に分解すると

$$\dfrac{x^2 + 5}{x^2(x^2 + 4x + 5)}$$

$$= \dfrac{1}{5}\left(-\dfrac{4}{x} + \dfrac{5}{x^2} + \dfrac{4x + 16}{x^2 + 4x + 5}\right)$$

となり，最後の項は

$$\dfrac{4x + 16}{x^2 + 4x + 5} = \dfrac{2(2x + 4)}{x^2 + 4x + 5} + \dfrac{8}{x^2 + 4x + 5}$$

と変形できるので，求める不定積分は次のようになる．

$$\int \dfrac{x^2 + 5}{x^2(x^2 + 4x + 5)}\, dx$$

$$= \dfrac{1}{5}\int \left\{ -\dfrac{4}{x} + \dfrac{5}{x^2} + \dfrac{2(x^2 + 4x + 5)'}{x^2 + 4x + 5} \right.$$

$$\left. + \dfrac{8}{(x+2)^2 + 1} \right\}\, dx$$

$$= \dfrac{1}{5}\left\{ -4\log|x| - \dfrac{5}{x} + 2\log(x^2 + 4x + 5) \right.$$

$$\left. + 8\tan^{-1}(x+2) \right\} + C$$

$$= \dfrac{1}{5}\left\{ 2\log\dfrac{x^2 + 4x + 5}{x^2} - \dfrac{5}{x} \right.$$

$$\left. + 8\tan^{-1}(x+2) \right\} + C$$

7.21 (1) $\displaystyle\int \sin 3x \cos 5x\, dx$

$$= \dfrac{1}{2}\int (\sin 8x - \sin 2x)\, dx$$

$$= -\dfrac{1}{16}(\cos 8x - 4\cos 2x) + C$$

(2) $\displaystyle\int \sin 7x \sin 5x\, dx$

$$= -\dfrac{1}{2}\int (\cos 12x - \cos 2x)\, dx$$

$$= -\dfrac{1}{24}(\sin 12x - 6\sin 2x) + C$$

(3) $\displaystyle\int \sin 2x \cos^2 3x\, dx$

$$= \int \sin 2x \cdot \dfrac{1 + \cos 6x}{2}\, dx$$

$$= \dfrac{1}{2}\int \sin 2x\, dx$$

$$\quad + \dfrac{1}{4}\int (\sin 8x - \sin 4x)\, dx$$

$$= -\dfrac{1}{32}(8\cos 2x + \cos 8x - 2\cos 4x) + C$$

(4) $\displaystyle\int \cos 4x \sin^2 x\, dx$

$$= \int \cos 4x \cdot \dfrac{1 - \cos 2x}{2}\, dx$$

$$= \dfrac{1}{2}\int \cos 4x\, dx$$

$$\quad - \dfrac{1}{4}\int (\cos 6x + \cos 2x)\, dx$$

$$= \dfrac{1}{24}(3\sin 4x - \sin 6x - 3\sin 2x) + C$$

7.22 $t = \tan\dfrac{x}{2}$ とおいて置換積分を行う．

(1) $\displaystyle\int \dfrac{1}{\cos x}\, dx = \int \dfrac{1}{\dfrac{1 - t^2}{1 + t^2}} \cdot \dfrac{2}{1 + t^2}\, dt$

$$= 2\int \dfrac{1}{1 - t^2}\, dt = \log\left|\dfrac{1 + t}{1 - t}\right| + C$$

$$= \log\left|\dfrac{1 + \tan\dfrac{x}{2}}{1 - \tan\dfrac{x}{2}}\right| + C$$

(2) $\displaystyle\int \dfrac{1}{1 - \sin x}\, dx$

$$= \int \dfrac{1}{1 - \dfrac{2t}{1 + t^2}} \cdot \dfrac{2}{1 + t^2}\, dt$$

$$= \int \dfrac{2}{1 + t^2 - 2t}\, dt = \int \dfrac{2}{(1 - t)^2}\, dt$$

$$= \dfrac{2}{1 - t} + C = \dfrac{2}{1 - \tan\dfrac{x}{2}} + C$$

7.23 (1) $I_n = \displaystyle\int \sin^{n-1} x \cdot \sin x\, dx$

$$= \int \sin^{n-1} x (-\cos x)' \, dx$$

$$= -\sin^{n-1} x \cos x$$
$$\quad + (n-1) \int \sin^{n-2} x \cdot \cos x \cdot \cos x \, dx$$

$$= -\sin^{n-1} x \cos x$$
$$\quad + (n-1) \int \sin^{n-2} x (1 - \sin^2 x) \, dx$$

$$= -\sin^{n-1} x \cos x$$
$$\quad + (n-1) \int \left(\sin^{n-2} x - \sin^n x \right) dx$$

$$= -\sin^{n-1} x \cos x + (n-1)(I_{n-2} - I_n)$$

右辺の I_n を左辺に移項すると

$$nI_n = -\sin^{n-1} x \cos x + (n-1)I_{n-2}$$

となるので，両辺を n で割ると，求める漸化式が成り立つ．

(2) $J_n = \displaystyle\int \cos^{n-1} x \cdot \cos x \, dx$

$$= \int \cos^{n-1} x (\sin x)' \, dx$$

$$= \cos^{n-1} x \sin x$$
$$\quad + (n-1) \int \cos^{n-2} x \cdot \sin x \cdot \sin x \, dx$$

$$= \cos^{n-1} x \sin x$$
$$\quad + (n-1) \int \cos^{n-2} x (1 - \cos^2 x) \, dx$$

$$= \cos^{n-1} x \sin x$$
$$\quad + (n-1) \int \left(\cos^{n-2} x - \cos^n x \right) dx$$

$$= \cos^{n-1} x \sin x + (n-1)(J_{n-2} - J_n)$$

右辺の J_n を左辺に移項すると

$$nJ_n = \cos^{n-1} x \sin x + (n-1)J_{n-2}$$

となるので，両辺を n で割ると，求める漸化式が成り立つ．

7.24 $I_1 = \displaystyle\int \sin x \, dx = -\cos x + C$,

$J_0 = \displaystyle\int 1 \, dx = x + C$ であることに注意する．

(1) $\displaystyle\int \sin^5 x \, dx = I_5$

$$= -\frac{1}{5} \sin^4 x \cos x + \frac{4}{5} I_3$$

$$= -\frac{1}{5} \sin^4 x \cos x$$
$$\quad + \frac{4}{5} \left(-\frac{1}{3} \sin^2 x \cos x + \frac{2}{3} I_1 \right)$$

$$= -\frac{1}{5} \sin^4 x \cos x - \frac{4}{15} \sin^2 x \cos x$$
$$\quad - \frac{8}{15} \cos x + C$$

(2) $\displaystyle\int \cos^4 x \, dx = J_4$

$$= \frac{1}{4} \cos^3 x \sin x + \frac{3}{4} J_2$$

$$= \frac{1}{4} \cos^3 x \sin x$$
$$\quad + \frac{3}{4} \left(\frac{1}{2} \cos x \sin x + \frac{1}{2} J_0 \right)$$

$$= \frac{1}{4} \cos^3 x \sin x + \frac{3}{8} \cos x \sin x + \frac{3}{8} x + C$$

(3) $\displaystyle\int \sin^2 x \cos^3 x \, dx$

$$- \int (1 - \cos^2 x) \cos^3 x \, dx$$

$$= \int \cos^3 x \, dx - \int \cos^5 x \, dx$$

$$= J_3 - J_5$$

$$= J_3 - \left(\frac{1}{5} \cos^4 x \sin x + \frac{4}{5} J_3 \right)$$

$$= -\frac{1}{5} \cos^4 x \sin x + \frac{1}{5} J_3$$

$$= -\frac{1}{5} \cos^4 x \sin x$$
$$\quad + \frac{1}{5} \left(\frac{1}{3} \cos^2 x \sin x + \frac{2}{3} J_1 \right)$$

$$= -\frac{1}{5} \cos^4 x \sin x + \frac{1}{15} \cos^2 x \sin x$$
$$\quad + \frac{2}{15} \sin x + C$$

(4) 例題 7.1 と 2 倍角の公式より $\sin x \cos x = \frac{1}{2} \sin 2x$ であることを利用する．

$$\int \sin^3 x \cos^3 x \, dx = \frac{1}{8} \int \sin^3 2x \, dx$$

$$= \frac{1}{16} \int \sin^3 t \, dt \quad (t = 2x \text{ とおいた})$$

$$= \frac{1}{16} I_3$$

$$= \frac{1}{16} \left(-\frac{1}{3} \sin^2 t \cos t + \frac{2}{3} I_1 \right)$$

$$= -\frac{1}{48}\left(\sin^2 2x\cos 2x + 2\cos 2x\right) + C$$

別解 $\displaystyle\int \sin^3 x\cos^3 x\,dx$

$$= \int \sin^3 x(1 - \sin^2 x)\cos x\,dx$$

$$= \int \sin^3 x(\sin x)'\,dx - \int \sin^5 x(\sin x)'\,dx$$

$$= \frac{1}{4}\sin^4 x - \frac{1}{6}\sin^6 x + C$$

[(4) のように，三角関数の不定積分では，求め方により最終的な式の形が異なる場合がある.]

7.25 (1) $\displaystyle I_0 = \int 1\,dx = x + C$

(2) 部分積分によって，

$$I_n = \int (\log x)^n\,dx = \int 1\cdot(\log x)^n\,dx$$

$$= \int (x)'(\log x)^n\,dx$$

$$= x(\log x)^n - \int x\cdot n(\log x)^{n-1}\cdot\frac{1}{x}\,dx$$

$$= x(\log x)^n - nI_{n-1}$$

(3) $I_3 = x(\log x)^3 - 3I_2$

$$= x(\log x)^3 - 3\left\{x(\log x)^2 - 2I_1\right\}$$

$$= x(\log x)^3 - 3x(\log x)^2 + 6I_1$$

$$= x(\log x)^3 - 3x(\log x)^2$$
$$\qquad + 6(x\log x - I_0)$$

$$= x(\log x)^3 - 3x(\log x)^2$$
$$\qquad + 6x\log x - 6(x + C)$$

$$= x(\log x)^3 - 3x(\log x)^2$$
$$\qquad + 6x\log x - 6x + C$$

($-6C$ を改めて C とした)

7.26 (1) $t = \sqrt[3]{x} - 2$ とすると，$x = (t+2)^3$，$dx = 3(t+2)^2 dt$ であるから，

$$\int \frac{1}{\left(\sqrt[3]{x} - 2\right)^2}\,dx = \int \frac{3(t+2)^2}{t^2}\,dt$$

$$= 3\int\left(1 + \frac{4}{t} + \frac{4}{t^2}\right)\,dt$$

$$= 3t + 12\log|t| - \frac{12}{t} + C$$

$$= 3\left(\sqrt[3]{x} - 2\right) + 12\log\left|\sqrt[3]{x} - 2\right|$$
$$\qquad - \frac{12}{\sqrt[3]{x} - 2} + C$$

$$= 3\sqrt[3]{x} + 12\log\left|\sqrt[3]{x} - 2\right| - \frac{12}{\sqrt[3]{x} - 2} + C$$

（$C - 6$ を改めて C とした）

(2) $t = e^x$ とおけば，$dt = e^x dx$ であるから，

$$\int \frac{e^{2x}}{e^x + 1}\,dx = \int \frac{e^x}{e^x + 1}\cdot e^x\,dx$$

$$= \int \frac{t}{t+1}\,dt$$

$$= \int\left(1 - \frac{1}{t+1}\right)\,dt$$

$$= t - \log|t+1| + C$$

$$= e^x - \log(e^x + 1) + C$$

(3) 半角の公式より，

$$\int x\cos^2 x\,dx$$

$$= \frac{1}{2}\int x(1 + \cos 2x)\,dx$$

$$= \frac{1}{2}\int x\left(x + \frac{1}{2}\sin 2x\right)'\,dx$$

$$= \frac{1}{2}x\left(x + \frac{1}{2}\sin 2x\right)$$
$$\qquad - \frac{1}{2}\int\left(x + \frac{1}{2}\sin 2x\right)\,dx$$

$$= \frac{1}{2}x^2 + \frac{1}{4}x\sin 2x$$
$$\qquad - \frac{1}{2}\left(\frac{1}{2}x^2 - \frac{1}{4}\cos 2x\right) + C$$

$$= \frac{1}{8}(2x^2 + 2x\sin 2x + \cos 2x) + C$$

(4) 部分積分を繰り返す.

$$\int x^3 e^{-x}\,dx$$

$$= -x^3 e^{-x} + 3 \int x^2 e^{-x}\, dx$$

$$= -x^3 e^{-x} + 3\left(-x^2 e^{-x} + 2\int x e^{-x}\, dx\right)$$

$$= -x^3 e^{-x} - 3x^2 e^{-x}$$

$$\quad + 6\left(-x e^{-x} + \int e^{-x}\, dx\right)$$

$$= -(x^3 + 3x^2 + 6x + 6)e^{-x} + C$$

(5) $\dfrac{x^3}{x^2+1} = x - \dfrac{x}{x^2+1}$ であるから,

$$\int \frac{x^3}{x^2+1}\, dx$$

$$= \int \left(x - \frac{x}{x^2+1}\right) dx$$

$$= \int x\, dx - \frac{1}{2}\int \frac{(x^2+1)'}{x^2+1}\, dx$$

$$= \frac{1}{2}x^2 - \frac{1}{2}\log(x^2+1) + C$$

(6) $t = e^x$ とおくと $x = \log t,\ dx = \dfrac{1}{t}\, dt$
となる. したがって,

$$\int \frac{1}{e^x+4}\, dx = \int \frac{1}{t+4}\cdot\frac{1}{t}\, dt$$

$$= \frac{1}{4}\int \left(\frac{1}{t} - \frac{1}{t+4}\right) dt$$

$$= \frac{1}{4}\left(\log|t| - \log|t+4|\right) + C$$

$$= \frac{1}{4}\log\left|\frac{t}{t+4}\right| + C$$

$$= \frac{1}{4}\log\frac{e^x}{e^x+4} + C$$

7.27 (1) $a = -1$ のときは,

$$\int x(1+x^2)^{-1}\, dx = \frac{1}{2}\int \frac{(1+x^2)'}{1+x^2}\, dx$$

$$= \frac{1}{2}\log(1+x^2) + C$$

である.
$a \neq -1$ のときは, $t = 1+x^2$ とおくと,
$dt = 2x\, dx$ であるから,

$$\int x\left(1+x^2\right)^a\, dx$$

$$= \frac{1}{2}\int t^a\, dt$$

$$= \frac{1}{2(a+1)} t^{a+1} + C$$

$$= \frac{1}{2(a+1)}\left(1+x^2\right)^{a+1} + C$$

である.

別解 例題 7.1 を利用すると, $\alpha \neq -1$ のときは次のようにしても計算できる.

$$\int x\left(1+x^2\right)^a\, dx$$

$$= \frac{1}{2}\int \left(1+x^2\right)^a \left(1+x^2\right)'\, dx$$

$$= \frac{1}{2(a+1)}(1+x^2)^{a+1} + C$$

(2) $t = 1+x$ とおくと, $dt = dx, x = t-1$
である.

$$\int x^2(1+x)^a\, dx = \int (t-1)^2 t^a\, dt$$

$$= \int (t^{a+2} - 2t^{a+1} + t^a)\, dt$$

したがって, $a \neq -1, -2, -3$ のときは,

$$\int x^2\left(1+x\right)^a\, dx$$

$$= \int (t^{a+2} - 2t^{a+1} + t^a)\, dt$$

$$= \frac{t^{a+3}}{a+3} - \frac{2t^{a+2}}{a+2} + \frac{t^{a+1}}{a+1} + C$$

$$= \frac{(1+x)^{a+3}}{a+3} - \frac{2(1+x)^{a+2}}{a+2}$$

$$\quad + \frac{(1+x)^{a+1}}{a+1} + C$$

である. $a = -1$ のときは,

$$\int x^2\left(1+x\right)^{-1}\, dx$$

$$= \int \left(t - 2 + t^{-1}\right) dt$$

$$= \frac{1}{2}t^2 - 2t + \log|t| + C$$

$$= \frac{1}{2}(1+x)^2 - 2(1+x) + \log|1+x| + C$$

$a = -2$ のときは,

$$\int x^2 (1+x)^{-2} \, dx$$

$$= \int \left(1 - 2t^{-1} + t^{-2} \right) \, dt$$

$$= t - 2\log|t| - \frac{1}{t} + C$$

$$= 1 + x - 2\log|1+x| - \frac{1}{1+x} + C$$

$a = -3$ のときは,

$$\int x^2 (1+x)^{-3} \, dx$$

$$= \int \left(t^{-1} - 2t^{-2} + t^{-3} \right) \, dt$$

$$= \log|t| + \frac{2}{t} - \frac{1}{2t^2} + C$$

$$= \log|1+x| + \frac{2}{1+x} - \frac{1}{2(1+x)^2} + C$$

7.28 $t = x + \sqrt{x^2+4}$ より $(t-x)^2 = x^2 + 4$ であるから,展開して整理すると $x = \dfrac{t^2-4}{2t}$ である.したがって,

$$\sqrt{x^2+4} = t - x = t - \frac{t^2-4}{2t} = \frac{t^2+4}{2t}$$

である.また,x を t で微分すると $\dfrac{dx}{dt} = \dfrac{t^2+4}{2t^2}$ となるから,$dx = \dfrac{t^2+4}{2t^2} dt$ である.以上のことを利用して求める.

(1) $\displaystyle \int \frac{dx}{\sqrt{x^2+4}} = \int \frac{2t}{t^2+4} \cdot \frac{t^2+4}{2t^2} \, dt$

$$= \int \frac{1}{t} \, dt = \log|t| + C$$

$$= \log\left| x + \sqrt{x^2+4} \right| + C$$

(2) $\displaystyle \int \sqrt{x^2+4} \, dx$

$$= \int \frac{t^2+4}{2t} \cdot \frac{t^2+4}{2t^2} \, dt$$

$$= \frac{1}{4} \int \frac{t^4 + 8t^2 + 16}{t^3} \, dt$$

$$= \frac{1}{4} \int \left(t + \frac{8}{t} + \frac{16}{t^3} \right) \, dt$$

$$= \frac{1}{4} \left(\frac{1}{2}t^2 + 8\log|t| - \frac{8}{t^2} \right) + C$$

$$= \frac{1}{8} \left(t^2 - \frac{16}{t^2} \right) + 2\log|t| + C$$

ここで

$$\frac{4}{t} = \frac{4}{x + \sqrt{x^2+4}}$$

$$= \frac{4\left(x - \sqrt{x^2+4} \right)}{\left(x + \sqrt{x^2+4} \right)\left(x - \sqrt{x^2+4} \right)}$$

$$= -x + \sqrt{x^2+4}$$

であるから,

$$t^2 - \frac{16}{t^2}$$

$$= \left(x + \sqrt{x^2+4} \right)^2 - \left(-x + \sqrt{x^2+4} \right)^2$$

$$= 4x\sqrt{x^2+4}$$

である.したがって,

$$\int \sqrt{x^2+4} \, dx$$

$$= \frac{1}{8} \cdot 4x\sqrt{x^2+4} + 2\log\left| x + \sqrt{x^2+4} \right| + C$$

$$= \frac{1}{2} \left\{ x\sqrt{x^2+4} \right.$$

$$\left. + 4\log\left| x + \sqrt{x^2+4} \right| \right\} + C$$

7.29 $\dfrac{5x^2 - 4x - 6}{(x-1)^2(x^2+2x+2)}$

$$= \frac{a}{x-1} + \frac{b}{(x-1)^2} + \frac{cx+d}{x^2+2x+2}$$

と部分分数分解する.分母を払って整理すると,

$$5x^2 - 4x - 6$$

$$= (a+c)x^3 + (a+b-2c+d)x^2$$

$$+ (2b+c-2d)x - (2a-2b-d)$$

となるので,両辺の係数を比較することにより $a = 2$, $b = -1$, $c = -2$, $d = 0$ が得られる.したがって,与えられた不定積分は次のように計算される.

$$\int \frac{5x^2 - 4x - 6}{(x-1)^2(x^2+2x+2)}\,dx$$

$$= \int \left\{ \frac{2}{x-1} - \frac{1}{(x-1)^2} - \frac{2x}{x^2+2x+2} \right\} dx$$

$$= \int \left\{ \frac{2}{x-1} - \frac{1}{(x-1)^2} - \frac{(2x+2)-2}{x^2+2x+2} \right\} dx$$

$$= \int \left\{ \frac{2}{x-1} - \frac{1}{(x-1)^2} - \frac{(x^2+2x+2)'}{x^2+2x+2} \right.$$
$$\left. + \frac{2}{(x+1)^2+1} \right\} dx$$

$$= 2\log|x-1| + \frac{1}{x-1}$$
$$\quad - \log(x^2+2x+2) + 2\tan^{-1}(x+1) + C$$

$$= \frac{1}{x-1} + \log\frac{(x-1)^2}{x^2+2x+2}$$
$$\quad + 2\tan^{-1}(x+1) + C$$

第8節　定積分

8.1 (1) 9　　(2) $\dfrac{2}{7}$　　(3) $\dfrac{1}{2}$

(4) $1 - \dfrac{1}{e}$　　(5) 2　　(6) $\dfrac{\pi}{6}$

8.2 (1) 0　　(2) -1　　(3) $\dfrac{1-e^2}{2}$

(4) $-\log 2$

8.3 (1) 5　　(2) $\log 2 - 1$　　(3) $\dfrac{8(\sqrt{2}-1)}{3}$

(4) $\dfrac{1}{3} + \dfrac{4\sqrt{2}}{3} + \log 2$　　(5) $\dfrac{8-3\sqrt{3}}{2}$

(6) $\dfrac{1}{8}\left(e^2 + 4 - \dfrac{1}{e^2}\right)$

8.4 (1) $\dfrac{32}{3}$　　(2) $\dfrac{16}{3}$　　(3) $\log 2$　　(4) 2

8.5 (1) 10　　(2) $e-1$　　(3) $\dfrac{1}{160}$

(4) $\log\dfrac{e+e^{-1}}{2}$　　(5) $\dfrac{\log 2}{2}$　　(6) $\dfrac{1}{4}$

8.6 (1) $\dfrac{\pi}{4} + \dfrac{3\sqrt{3}}{8}$　　(2) $\dfrac{\pi}{6}$

8.7 (1) $e^2 + 1$　　(2) $\dfrac{1}{4} - \dfrac{3}{4e^2}$

(3) 0　　(4) $-\dfrac{\pi}{8}$

8.8 (1) $e^2 + 1$　　(2) $\dfrac{2e^3+1}{9}$　　(3) 2

8.9 (1) $-\dfrac{16}{3}$　　(2) 0　　(3) 0　　(4) 2π

8.10 (1) $\dfrac{8}{15}$　　(2) $\dfrac{5\pi}{32}$　　(3) $\dfrac{4}{3}$

(4) $\dfrac{\pi}{2}$　　(5) 0　　(6) $\dfrac{3\pi}{8}$

8.11 (1) 0.729　　(2) 0.759

8.12 およそ $1086\,\mathrm{cm}^2$

8.13 区間 $[0,1]$ を n 等分してできる小区間の幅を Δx とすると，$\Delta x = \dfrac{1}{n}$ である．各小区間内の点 x_k を，小区間の右側の端点にとって $x_k = \dfrac{k}{n}$ として考えると，

$$\int_0^1 f(x)dx = \lim_{n\to\infty} \sum_{k=1}^{n} f\left(\frac{k}{n}\right)\cdot\frac{1}{n} \text{ である.}$$

(1) $f(x) = 3$ とすると $f(x_k) = 3$ より，

$$\int_0^1 3\,dx = \lim_{n\to\infty} \sum_{k=1}^{n} 3\cdot\frac{1}{n}$$

$$= \lim_{n\to\infty} \frac{1}{n}\sum_{k=1}^{n} 3 = \lim_{n\to\infty} \frac{1}{n}\cdot 3n$$

$$= 3$$

(2) $f(x) = x$ とすると $f(x_k) = \dfrac{k}{n}$ より，

$$\int_0^1 x\,dx = \lim_{n\to\infty} \sum_{k=1}^{n} \frac{k}{n}\cdot\frac{1}{n}$$

$$= \lim_{n\to\infty} \frac{1}{n^2}\sum_{k=1}^{n} k$$

$$= \lim_{n\to\infty} \frac{1}{n^2}\cdot\frac{n(n+1)}{2}$$

$$= \frac{1}{2}\lim_{n\to\infty}\left(1 + \frac{1}{n}\right) = \frac{1}{2}$$

(3) $f(x) = x^2$ とすると $f(x_k) = \left(\dfrac{k}{n}\right)^2$ より，

$$\int_0^1 x^2\,dx = \lim_{n\to\infty} \sum_{k=1}^{n} \left(\frac{k}{n}\right)^2\cdot\frac{1}{n}$$

$$= \lim_{n\to\infty} \frac{1}{n^3}\sum_{k=1}^{n} k^2$$

$$= \lim_{n \to \infty} \frac{1}{n^3} \cdot \frac{n(n+1)(2n+1)}{6}$$

$$= \frac{1}{6} \lim_{n \to \infty} \left(1 + \frac{1}{n}\right)\left(2 + \frac{1}{n}\right)$$

$$= \frac{1}{3}$$

8.14 (1) A　　(2) $-B$　　(3) $A - B$
(4) $A + B$

8.15 求める面積を S とする.

(1) $S = \displaystyle\int_{-1}^{1} (x^2 - 2x + 2)\, dx = \frac{14}{3}$

(2) $S = -\displaystyle\int_{0}^{2\pi} (\cos x - 1)\, dx = 2\pi$

(3) $S = 2\displaystyle\int_{0}^{1} \frac{e^x + e^{-x}}{2}\, dx = e - \frac{1}{e}$

(4) $y = |x^2 - 1| - 1$

$$= \begin{cases} x^2 - 1 - 1 = x^2 - 2 & (x^2 \geqq 1) \\ -(x^2 - 1) - 1 = -x^2 & (x^2 < 1) \end{cases}$$

であり, x 軸との共有点は $x^2 = 1 \pm 1 = 2, 0$
より $x = \pm\sqrt{2}, 0$ である. グラフの対称性か
ら, 求める面積 S は次のようになる.

$$S = 2\left\{ -\int_{0}^{1} (-x^2)\, dx - \int_{1}^{\sqrt{2}} (x^2 - 2)\, dx \right\}$$

$$= \frac{8(\sqrt{2} - 1)}{3}$$

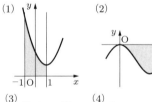

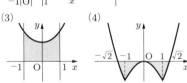

8.16 (1) $t = 2x - 1$ とおくと, $dt = 2dx$,
$x = \dfrac{t+1}{2}$ であり,

$$x = 0 \quad \text{のとき} \quad t = -1$$
$$x = 1 \quad \text{のとき} \quad t = 1$$

であるから,

$$\int_{0}^{1} x(2x - 1)^3\, dx$$

$$= \int_{0}^{1} x(2x - 1)^3 \cdot \frac{1}{2} \cdot 2dx$$

$$= \frac{1}{2} \int_{-1}^{1} \frac{t+1}{2} \cdot t^3\, dt$$

$$= \frac{1}{4} \int_{-1}^{1} (t^4 + t^3)\, dt = \frac{1}{10}$$

(2) $t = x^2 + 1$ とおくと, $dt = 2x\, dx$ であり,

$$x = 0 \quad \text{のとき} \quad t = 1$$
$$x = 1 \quad \text{のとき} \quad t = 2$$

であるから,

$$\int_{0}^{1} \frac{x}{(x^2 + 1)^3}\, dx$$

$$= \int_{0}^{1} \frac{1}{(x^2 + 1)^3} \cdot \frac{1}{2} \cdot 2x\, dx$$

$$= \frac{1}{2} \int_{1}^{2} \frac{1}{t^3}\, dt = \frac{3}{16}$$

(3) $t = \sin x$ とおくと, $dt = \cos x dx$ であり,

$$x = 0 \quad \text{のとき} \quad t = 0$$
$$x = \frac{\pi}{2} \quad \text{のとき} \quad t = 1$$

であるから,

$$\int_{0}^{\frac{\pi}{2}} \cos^3 x \sqrt{\sin x}\, dx$$

$$= \int_{0}^{\frac{\pi}{2}} (1 - \sin^2 x)\sqrt{\sin x} \cos x\, dx$$

$$= \int_{0}^{1} (1 - t^2)\sqrt{t}\, dt$$

$$= \int_{0}^{1} \left(t^{\frac{1}{2}} - t^{\frac{5}{2}}\right) dt = \frac{8}{21}$$

(4) $t = \log x + 1$ とおくと, $dt = \dfrac{1}{x}\, dx$ で
あり,

$$x = 1 \quad \text{のとき} \quad t = 1$$
$$x = e \quad \text{のとき} \quad t = 2$$

であるから，
$$\int_1^e \frac{\sqrt{\log x + 1}}{x}\, dx = \int_1^2 \sqrt{t}\, dt$$
$$= \frac{4\sqrt{2} - 2}{3}$$

8.17 (1) $x = \tan t$ とおくと，$dx = \dfrac{1}{\cos^2 t}\, dt$ であり，

$x = 0$ のとき $\tan t = 0$ より $t = 0$
$x = 1$ のとき $\tan t = 1$ より $t = \dfrac{\pi}{4}$

である．$1 + \tan^2 t = \dfrac{1}{\cos^2 t}$ であるので，

$$\int_0^1 \frac{1}{(x^2 + 1)^2}\, dx$$
$$= \int_0^{\frac{\pi}{4}} \frac{1}{\left(\dfrac{1}{\cos^2 t}\right)^2} \cdot \frac{1}{\cos^2 t}\, dt$$
$$= \int_0^{\frac{\pi}{4}} \cos^2 t\, dt = \int_0^{\frac{\pi}{4}} \frac{1 + \cos 2t}{2}\, dt$$
$$= \frac{\pi + 2}{8}$$

(2) $x = 2\tan t$ とおくと，$dx = \dfrac{2}{\cos^2 t}\, dt$ であり，

$x = 0$ のとき $2\tan t = 0$ より $t = 0$
$x = 2$ のとき $2\tan t = 2$ より $t = \dfrac{\pi}{4}$

である．$0 \leq t \leq \dfrac{\pi}{4}$ では $\cos t \geq 0$ であるから，$\sqrt{x^2 + 4} = \sqrt{4\tan^2 t + 4} = \dfrac{2}{\cos t}$ である．したがって，

$$\int_0^2 \frac{1}{\sqrt{(x^2 + 4)^3}}\, dx$$
$$= \int_0^{\frac{\pi}{4}} \frac{1}{\left(\dfrac{2}{\cos t}\right)^3} \cdot \frac{2}{\cos^2 t}\, dt$$
$$= \frac{1}{4} \int_0^{\frac{\pi}{4}} \cos t\, dt = \frac{\sqrt{2}}{8}$$

8.18 (1) $\displaystyle\int_0^1 (2x + 1)e^{-x}\, dx$

$$= -\Big[(2x + 1)e^{-x}\Big]_0^1 + 2\int_0^1 e^{-x}\, dx$$
$$= -\left(3e^{-1} - 1\right) + 2\Big[-e^{-x}\Big]_0^1$$
$$= 3 - \frac{5}{e}$$

(2) $\displaystyle\int_0^\pi (2x - 1)\sin \frac{x}{2}\, dx$
$$= -2\Big[(2x - 1)\cos \frac{x}{2}\Big]_0^\pi + 4\int_0^\pi \cos \frac{x}{2}\, dx$$
$$= -2 + 4\Big[2\sin \frac{x}{2}\Big]_0^\pi$$
$$= 6$$

(3) $\displaystyle\int_0^1 x \cos \pi x\, dx$
$$= \frac{1}{\pi}\Big[x \sin \pi x\Big]_0^1 - \frac{1}{\pi}\int_0^1 \sin \pi x\, dx$$
$$= -\frac{1}{\pi}\Big[-\frac{1}{\pi}\cos \pi x\Big]_0^1 = -\frac{2}{\pi^2}$$

(4) $\displaystyle\int_1^e (2x - 1)\log x\, dx$
$$= \Big[(x^2 - x)\log x\Big]_1^e - \int_1^e (x^2 - x)\cdot \frac{1}{x}\, dx$$
$$= (e^2 - e) - \Big[\frac{x^2}{2} - x\Big]_1^e$$
$$= \frac{e^2 - 1}{2}$$

8.19 (1) $\displaystyle\int_0^1 x^2 e^{-x}\, dx$
$$= -\Big[x^2 e^{-x}\Big]_0^1 + 2\int_0^1 x e^{-x}\, dx$$
$$= -e^{-1} + 2\left(-\Big[xe^{-x}\Big]_0^1 + \int_0^1 e^{-x}\, dx\right)$$
$$= -3e^{-1} + 2\Big[-e^{-x}\Big]_0^1$$
$$= 2 - \frac{5}{e}$$

(2) $\displaystyle\int_0^\pi x^2 \sin 2x\, dx$
$$= -\frac{1}{2}\Big[x^2 \cos 2x\Big]_0^\pi + \int_0^\pi x \cos 2x\, dx$$

$$= -\frac{\pi^2}{2} + \frac{1}{2} \left(\Big[x \sin 2x \Big]_0^\pi - \int_0^\pi \sin 2x \, dx \right)$$

$$= -\frac{\pi^2}{2} + \frac{1}{2} \Big[\frac{1}{2} \cos 2x \Big]_0^\pi$$

$$= -\frac{\pi^2}{2}$$

(3) $\displaystyle\int_0^\pi x^2 \cos \frac{x}{2} \, dx$

$$= \Big[2x^2 \sin \frac{x}{2} \Big]_0^\pi - 4 \int_0^\pi x \sin \frac{x}{2} \, dx$$

$$= 2\pi^2 - 4 \left(-2 \Big[x \cos \frac{x}{2} \Big]_0^\pi + 2 \int_0^\pi \cos \frac{x}{2} \, dx \right)$$

$$= 2\pi^2 - 8 \Big[2 \sin \frac{x}{2} \Big]_0^\pi = 2\pi^2 - 16$$

(4) e^{-x} を積分する関数とすると，

$$\int_0^\pi e^{-x} \sin x \, dx$$

$$= -\Big[e^{-x} \sin x \Big]_0^\pi + \int_0^\pi e^{-x} \cos x \, dx$$

$$= -\Big[e^{-x} \cos x \Big]_0^\pi - \int_0^\pi e^{-x} \sin x \, dx$$

$$= e^{-\pi} + 1 - \int_0^\pi e^{-x} \sin x \, dx$$

右辺の第 3 項を左辺に移項すると，

$$\int_0^\pi e^{-x} \sin x \, dx = \frac{e^{-\pi} + 1}{2} \text{ である.}$$

8.20　(1) $\displaystyle\int_0^\pi \cos 4x \sin 3x \, dx$

$$= \frac{1}{2} \int_0^\pi (\sin 7x - \sin x) \, dx = -\frac{6}{7}$$

(2) $\displaystyle\int_0^\pi (1 + \cos^2 x)^2 \, dx$

$$= \int_0^\pi \left(1 + \frac{1 + \cos 2x}{2} \right)^2 dx$$

$$= \frac{1}{4} \int_0^\pi (9 + 6\cos 2x + \cos^2 2x) \, dx$$

$$= \frac{1}{4} \int_0^\pi \left(9 + 6\cos 2x + \frac{1 + \cos 4x}{2} \right) dx$$

$$= \frac{19\pi}{8}$$

(3) $\displaystyle\int_0^\pi x \sin^2 x \, dx = \int_0^\pi x \cdot \frac{1 - \cos 2x}{2} \, dx$

$$= \frac{1}{2} \int_0^\pi x \, dx - \frac{1}{2} \int_0^\pi x \cos 2x \, dx$$

$$= \frac{1}{2} \Big[\frac{x^2}{2} \Big]_0^\pi - \frac{1}{4} \Big[x \sin 2x \Big]_0^\pi$$

$$\quad + \frac{1}{4} \int_0^\pi \sin 2x \, dx$$

$$= \frac{\pi^2}{4} + \frac{1}{4} \Big[-\frac{1}{2} \cos 2x \Big]_0^\pi = \frac{\pi^2}{4}$$

8.21　(1) $\displaystyle\int_0^{\frac{\pi}{2}} \sin^2 x \cos^4 x \, dx$

$$= \int_0^{\frac{\pi}{2}} (1 - \cos^2 x) \cos^4 x \, dx$$

$$= \int_0^{\frac{\pi}{2}} (\cos^4 x - \cos^6 x) \, dx$$

$$= \frac{3}{4} \cdot \frac{1}{2} \cdot \frac{\pi}{2} - \frac{5}{6} \cdot \frac{3}{4} \cdot \frac{1}{2} \cdot \frac{\pi}{2}$$

$$= \left(1 - \frac{5}{6} \right) \frac{3}{4} \cdot \frac{1}{2} \cdot \frac{\pi}{2} = \frac{\pi}{32}$$

(2) $\displaystyle\int_0^{\frac{\pi}{2}} \sin^3 x \cos^3 x \, dx$

$$= \int_0^{\frac{\pi}{2}} \sin^3 x (1 - \sin^2 x) \cos x \, dx$$

$$= \int_0^{\frac{\pi}{2}} (\sin^3 x - \sin^5 x) \cos x \, dx$$

$$= \int_0^1 (t^3 - t^5) \, dt \quad [\sin x = t \text{ とおいた}]$$

$$= \frac{1}{12}$$

別解　例題 7.1 を利用すると

$$\int_0^{\frac{\pi}{2}} \sin^3 x \cos^3 x \, dx$$

$$= \int_0^{\frac{\pi}{2}} (\sin^3 x - \sin^5 x) \cos x \, dx$$

$$= \int_0^{\frac{\pi}{2}} (\sin^3 x - \sin^5 x)(\sin x)' \, dx$$

$$= \Big[\frac{1}{4} \sin^4 x - \frac{1}{6} \sin^6 x \Big]_0^{\frac{\pi}{2}}$$

$$= \frac{1}{4} - \frac{1}{6} = \frac{1}{12}$$

8.22 (1) 部分積分によって，

$$\int_0^1 xe^x \, dx = \Big[\, xe^x \,\Big]_0^1 - \int_0^1 e^x \, dx$$

$$= e - \Big[\, e^x \,\Big]_0^1 = 1$$

(2) $I(a) = \displaystyle\int_0^1 (e^{2x} - 2axe^x + a^2x^2) \, dx$

$$= \int_0^1 (e^{2x} + a^2x^2) \, dx$$

$$- 2a \int_0^1 xe^x \, dx$$

$$= \Big[\, \frac{1}{2}e^{2x} + \frac{1}{3}a^2x^3 \,\Big]_0^1 - 2a \cdot 1$$

$$= \frac{1}{2}e^2 + \frac{1}{3}a^2 - \frac{1}{2} - 2a$$

$$= \frac{1}{3}(a^2 - 6a) + \frac{1}{2}e^2 - \frac{1}{2}$$

$$= \frac{1}{3}(a-3)^2 + \frac{e^2 - 7}{2}$$

したがって，$I(a)$ は $a = 3$ のときに最小値 $\dfrac{e^2 - 7}{2}$ をとる.

8.23 (1) $t = \tan x$ とおくと，$dt = \dfrac{1}{\cos^2 x} \, dx$ であり，

$$x = 0 \quad \text{のとき} \quad t = 0$$

$$x = \frac{\pi}{4} \quad \text{のとき} \quad t = 1$$

であるから

$$J_n = \int_0^1 t^n \, dt = \Big[\, \frac{1}{n+1}t^{n+1} \,\Big]_0^1 = \frac{1}{n+1}$$

(2) $I_n + I_{n-2}$

$$= \int_0^{\frac{\pi}{4}} (\tan^n x + \tan^{n-2} x) \, dx$$

$$= \int_0^{\frac{\pi}{4}} \tan^{n-2} x(\tan^2 x + 1) \, dx$$

$$= \int_0^{\frac{\pi}{4}} \tan^{n-2} x \cdot \frac{1}{\cos^2 x} \, dx = J_{n-2}$$

(3) 定義から，

$$I_0 = \int_0^{\frac{\pi}{4}} dx = \Big[\, x \,\Big]_0^{\frac{\pi}{4}} = \frac{\pi}{4},$$

$$I_1 = \int_0^{\frac{\pi}{4}} \tan x \, dx = \int_0^{\frac{\pi}{4}} \frac{\sin x}{\cos x} \, dx$$

$$= \Big[\, -\log|\cos x| \,\Big]_0^{\frac{\pi}{4}} = \frac{\log 2}{2}$$

である．(2) の結果を使って，

$I_n = J_{n-2} - I_{n-2} \quad (n \geqq 2)$ であるから

$$I_2 = J_0 - I_0 = 1 - \frac{\pi}{4},$$

$$I_3 = J_1 - I_1 = \frac{1}{2} - \frac{\log 2}{2}$$

$$= \frac{1 - \log 2}{2}$$

8.24 (1) $\displaystyle\lim_{n \to \infty} \sum_{k=1}^n \frac{n}{n^2 + k^2}$

$$= \lim_{n \to \infty} \sum_{k=1}^n \frac{1}{1 + \left(\dfrac{k}{n}\right)^2} \cdot \frac{1}{n}$$

$$= \int_0^1 \frac{1}{1 + x^2} \, dx$$

$$= \Big[\, \tan^{-1} x \,\Big]_0^1 = \tan^{-1} 1 = \frac{\pi}{4}$$

(2) $\displaystyle\lim_{n \to \infty} \sum_{k=1}^n \frac{k}{n^2} \sin \frac{k\pi}{n}$

$$= \lim_{n \to \infty} \sum_{k=1}^n \frac{k}{n} \sin \left(\pi \cdot \frac{k}{n}\right) \frac{1}{n}$$

$$= \int_0^1 x \sin \pi x \, dx$$

$$= \Big[\, -\frac{1}{\pi}x \cos \pi x \,\Big]_0^1 + \frac{1}{\pi} \int_0^1 \cos \pi x \, dx$$

$$= \frac{1}{\pi} + \frac{1}{\pi} \Big[\, \frac{1}{\pi} \sin \pi x \,\Big]_0^1 = \frac{1}{\pi}$$

8.25 (1) $\dfrac{d}{dx} \displaystyle\int_0^x (x - t) \sin t \, dt$

$$= \frac{d}{dx} \left(x \int_0^x \sin t \, dt - \int_0^x t \sin t \, dt \right)$$

$$= (x)' \int_0^x \sin t \, dt + x \left(\int_0^x \sin t \, dt \right)'$$

$$- \left(\int_0^x t \sin t \, dt \right)'$$

$$= \int_0^x \sin t \, dt + x \sin x - x \sin x$$

$$= \Big[-\cos t \Big]_0^x = 1 - \cos x$$

(2) $2x = u$ とおくと，合成関数の微分法により，次のようになる．

$$\frac{d}{dx} \int_0^{2x} e^{t^2} \, dt = \left(\frac{d}{du} \int_0^u e^{t^2} \, dt \right) \cdot \frac{du}{dx}$$

$$= e^{u^2} \cdot 2 = 2e^{4x^2}$$

8.26 (1) $x = 1$ を代入すると，$\displaystyle \int_1^1 f(t) \, dt = 0$

であるから

$$0 = 2 - 3 + a$$

となり，$a = 1$ である．両辺を x で微分すると，$f(x) = 6x^2 - 3$ である．

(2) $x = 0$ を代入すると，左辺 $= 0$ であるから，$a = 0$ が得られる．両辺を x で微分することにより，

$$f(x) = (4x \sin 2x)' = 4 \sin 2x + 8x \cos 2x$$

8.27 定積分と微分の関係（まとめ 8.3）

$$\frac{d}{dx} \int_a^x f(t) \, dt = f(x) \text{ を利用する．}$$

$$f'(x) = \frac{d}{dx} \int_0^x (x+t)^2 \sin t \, dt$$

$$= \frac{d}{dx} \int_0^x (x^2 \sin t + 2xt \sin t + t^2 \sin t) \, dt$$

$$= \frac{d}{dx} \left(x^2 \int_0^x \sin t \, dt + 2x \int_0^x t \sin t \, dt + \int_0^x t^2 \sin t \, dt \right)$$

$$= 2x \int_0^x \sin t \, dt + x^2 \left(\int_0^x \sin t \, dt \right)'$$

$$+ 2 \int_0^x t \sin t \, dt + 2x \left(\int_0^x t \sin t \, dt \right)'$$

$$+ \left(\int_0^x t^2 \sin t \, dt \right)'$$

$$= 2x \Big[-\cos t \Big]_0^x + x^2 \sin x$$

$$+ 2 \left(\Big[-t \cos t \Big]_0^x + \int_0^x \cos t \, dt \right)$$

$$+ 2x \cdot x \sin x + x^2 \sin x$$

$$= 2x + 2 \sin x - 4x \cos x + 4x^2 \sin x$$

$$f''(x)$$

$$= 2 + 2 \cos x - 4 \cos x + 4x \sin x + 8x \sin x$$

$$+ 4x^2 \cos x$$

$$= 2 - 2 \cos x + 12x \sin x + 4x^2 \cos x$$

8.28 (1) $x^2 \sqrt{a^2 - x^2}$ は偶関数である．

$x = a \sin t$ とおくと，$dx = a \cos t \, dt$ であり，

$$x = 0 \quad \text{のとき} \quad a \sin t = 0 \text{ より} \quad t = 0$$

$$x = a \quad \text{のとき} \quad a \sin t = a \text{ より} \quad t = \frac{\pi}{2}$$

であるから，

$$\int_{-a}^a x^2 \sqrt{a^2 - x^2} \, dx$$

$$= 2 \int_0^a x^2 \sqrt{a^2 - x^2} \, dx$$

$$= 2 \int_0^{\frac{\pi}{2}} a^2 \sin^2 t \cdot a \cos t \cdot a \cos t \, dt$$

$$= 2a^4 \int_0^{\frac{\pi}{2}} \sin^2 t (1 - \sin^2 t) \, dt$$

$$= 2a^4 \left(\frac{1}{2} \cdot \frac{\pi}{2} - \frac{3}{4} \cdot \frac{1}{2} \cdot \frac{\pi}{2} \right) = \frac{\pi a^4}{8}$$

(2) $t = 1 - 2a \sin x + a^2$ とおくと，$dt = -2a \cos x \, dx$ である．

$$x = \frac{\pi}{2} \text{ のとき } t = (1-a)^2,$$

$$x = \frac{3\pi}{2} \text{ のとき } t = (1+a)^2$$

である．$\sqrt{A^2} = |A|$ であることに注意すると，

$$\int_{\frac{\pi}{2}}^{\frac{3\pi}{2}} \frac{\cos x}{\sqrt{1 - 2a \sin x + a^2}} \, dx$$

$$= \frac{-1}{2a} \int_{(1-a)^2}^{(1+a)^2} \frac{1}{\sqrt{t}}\, dt$$

$$= \frac{-1}{a}\left[\sqrt{t}\,\right]_{(1-a)^2}^{(1+a)^2} = \frac{|1-a|-|1+a|}{a}$$

したがって，$0 < a < 1$ のときは，

$\dfrac{(1-a)-(1+a)}{a} = -2$ であり，

$a > 1$ のときは，

$\dfrac{-(1-a)-(1+a)}{a} = -\dfrac{2}{a}$ である．

(3) n が自然数のとき，$\sin n\pi = 0$，
$\cos n\pi = (-1)^n$ であるから，

$$\int_0^1 x\sin n\pi x\, dx$$

$$= \left[-\frac{1}{n\pi}x\cos n\pi x\right]_0^1 + \frac{1}{n\pi}\int_0^1 \cos n\pi x\, dx$$

$$= -\frac{1}{n\pi}(-1)^n + \frac{1}{n\pi}\cdot\left[\frac{1}{n\pi}\sin n\pi x\right]_0^1$$

$$= \frac{(-1)^{n+1}}{n\pi}$$

(4) $\left(e^{-x^2}\right)' = -2xe^{-x^2}$ であるので，

$$\int_0^1 x^3 e^{-x^2}\, dx = -\frac{1}{2}\int_0^1 x^2\left(-2xe^{-x^2}\right) dx$$

$$= -\frac{1}{2}\int_0^1 x^2\left(e^{-x^2}\right)' dx$$

$$= -\frac{1}{2}\left(\left[x^2 e^{-x^2}\right]_0^1 - \int_0^1 2xe^{-x^2}\, dx\right)$$

$$= -\frac{1}{2}\left(e^{-1} + \left[e^{-x^2}\right]_0^1\right)$$

$$= \frac{1}{2} - \frac{1}{e}$$

8.29 (1) $I_0 = \displaystyle\int_{-\frac{\pi}{2}}^{\frac{\pi}{2}} dx = \left[x\right]_{-\frac{\pi}{2}}^{\frac{\pi}{2}} = \pi$,

$I_1 = \displaystyle\int_{-\frac{\pi}{2}}^{\frac{\pi}{2}} \sin x\, dx = 0$ （$\sin x$ は奇関数）

(2) $I_n = \displaystyle\int_{-\frac{\pi}{2}}^{\frac{\pi}{2}} \sin^n x\, dx$

$$= \int_{-\frac{\pi}{2}}^{\frac{\pi}{2}} \sin x \cdot \sin^{n-1} x\, dx$$

$$= \left[-\cos x \cdot \sin^{n-1} x\right]_{-\frac{\pi}{2}}^{\frac{\pi}{2}}$$

$$\quad + \int_{-\frac{\pi}{2}}^{\frac{\pi}{2}} \cos x \cdot (n-1)\sin^{n-2} x \cos x\, dx$$

$$= (n-1)\int_{-\frac{\pi}{2}}^{\frac{\pi}{2}} \cos^2 x \sin^{n-2} x\, dx$$

$$= (n-1)\int_{-\frac{\pi}{2}}^{\frac{\pi}{2}} (1-\sin^2 x)\sin^{n-2} x\, dx$$

$$= (n-1)I_{n-2} - (n-1)I_n$$

移項すると $nI_n = (n-1)I_{n-2}$ となるので，
$I_n = \dfrac{n-1}{n}I_{n-2}$ が成り立つ．

(3) n が偶数のとき，(1) より $I_0 = \pi$ である
から，$I_n = \dfrac{n-1}{n}\cdot\dfrac{n-3}{n-2}\cdot\cdots\cdot\dfrac{1}{2}\cdot\pi\ (n \geqq 2)$
である．n が奇数のときは，$I_n = \dfrac{n-1}{n}\cdot$
$\dfrac{n-3}{n-2}\cdot\cdots\cdot\dfrac{4}{5}\cdot\dfrac{2}{3}\cdot I_1$ となり，$I_1 = 0$ で
あるから，$I_n = 0$ である．

8.30 (1) $I(m, n) = \displaystyle\int_0^a x^m (a-x)^n\, dx$

$$= \left[\frac{x^{m+1}}{m+1}\cdot(a-x)^n\right]_0^a$$

$$\quad - \int_0^a \frac{x^{m+1}}{m+1}\cdot n\cdot(a-x)^{n-1}(-1)\, dx$$

$$= \frac{n}{m+1}\int_0^a x^{m+1}(a-x)^{n-1}\, dx$$

$$= \frac{n}{m+1}I(m+1, n-1)$$

(2) $\displaystyle\int_0^2 x^3(2-x)^3\, dx = I(3, 3)$

$$= \frac{3}{4}I(4, 2) = \frac{3}{4}\cdot\frac{2}{5}I(5, 1)$$

$$= \frac{3}{4}\cdot\frac{2}{5}\cdot\frac{1}{6}I(6, 0)$$

である．ここで，$I(6, 0) = \displaystyle\int_0^2 x^6\, dx = \frac{128}{7}$
であるから，求める定積分は次のようになる．

$$\int_0^2 x^3 (2-x)^3 \, dx = \frac{3}{4} \cdot \frac{2}{5} \cdot \frac{1}{6} \cdot \frac{128}{7}$$
$$= \frac{32}{35}$$

8.31 $m = n$ の場合は,

$$I = \int_0^{2\pi} \cos^2 mx \, dx$$

$$= \frac{1}{2} \int_0^{2\pi} (1 + \cos 2mx) \, dx$$

$$= \frac{1}{2} \left[x + \frac{1}{2m} \sin 2mx \right]_0^{2\pi} = \pi$$

$m \neq n$ の場合は, 積を和に直す公式から,

$$I = \frac{1}{2} \int_0^{2\pi} \{ \cos(m+n)x$$
$$+ \cos(m-n)x \} \, dx$$

$$= \frac{1}{2} \left[\frac{1}{m+n} \sin(m+n)x \right.$$
$$\left. + \frac{1}{m-n} \sin(m-n)x \right]_0^{2\pi} = 0$$

8.32 n が 2 以上の整数のとき, 積分範囲である $0 \leqq x \leqq \dfrac{\sqrt{2}}{2}$ では $x^n \leqq x^2$ であるから,

$$1 - x^2 \leqq 1 - x^n \leqq 1$$

である. したがって,

$$\sqrt{1-x^2} \leqq \sqrt{1-x^n} \leqq 1$$

となる. 各辺の逆数をとると

$$1 \leqq \frac{1}{\sqrt{1-x^n}} \leqq \frac{1}{\sqrt{1-x^2}}$$

が成立するから, 積分して

$$\int_0^{\frac{\sqrt{2}}{2}} 1 \, dx \leqq \int_0^{\frac{\sqrt{2}}{2}} \frac{1}{\sqrt{1-x^n}} \, dx$$
$$\leqq \int_0^{\frac{\sqrt{2}}{2}} \frac{1}{\sqrt{1-x^2}} \, dx$$

である. ここで,

$$\int_0^{\frac{\sqrt{2}}{2}} 1 \, dx = \frac{\sqrt{2}}{2},$$

$$\int_0^{\frac{\sqrt{2}}{2}} \frac{1}{\sqrt{1-x^2}} \, dx = \left[\sin^{-1} x \right]_0^{\frac{\sqrt{2}}{2}} = \frac{\pi}{4}$$

であるから,

$$\frac{\sqrt{2}}{2} \leqq \int_0^{\frac{\sqrt{2}}{2}} \frac{1}{\sqrt{1-x^n}} \, dx \leqq \frac{\pi}{4}$$

が得られる.

第 9 節　定積分の応用

9.1 (1) $\dfrac{1}{6}$　　(2) $\dfrac{3}{2} - 2\log 2$　　(3) $\dfrac{9}{2}$

(4) 2π

9.2 断面積を $S(x)$ とすると, 求める体積 V は, $V = \displaystyle\int_0^a S(x) dx$ である.

(1) $S(x) = (ae^{-x})^2$ より, $V = \dfrac{a^2}{2} \left(1 - e^{-2a} \right)$

(2) $S(x) = \pi(\sqrt{a-x})^2$ より, $V = \dfrac{\pi a^2}{2}$

9.3 (1) $\dfrac{\pi a^2 h}{3}$　　(2) $\dfrac{\pi}{2}$　　(3) $\dfrac{\pi^2}{2}$

(4) $\dfrac{4\pi a^3}{3}$

9.4 (1) $v(t) = 29.4 - 9.8t \,[\text{m/s}]$

(2) $x(t) = 100 + 29.4t - 4.9t^2 \,[\text{m}]$

(3) 3 秒　　(4) 21.6 m

9.5 (1) 曲線 $y = x^3$ と直線 $y = 4x$ の共有点の x 座標は, $x^3 = 4x$ を解いて $x = 0, \pm 2$ であるから, 求める面積 S は次のようになる.

$$S = \int_{-2}^0 (x^3 - 4x) \, dx + \int_0^2 (4x - x^3) \, dx = 8$$

(2) 2 つの曲線の共有点の x 座標を求めるには, $\sin 2x = \sin x$ を解けばよい. 2 倍角の公式を利用すると $\sin x (2\cos x - 1) = 0$ となるから, $\sin x = 0, \cos x = \dfrac{1}{2}$ である. したがって, $x = 0, \dfrac{\pi}{3}, \pi$ である. よって, 求める面積 S は次のようになる.

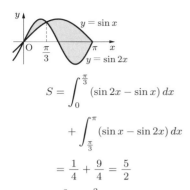

$$S = \int_0^{\frac{\pi}{3}} (\sin 2x - \sin x)\, dx$$
$$+ \int_{\frac{\pi}{3}}^{\pi} (\sin x - \sin 2x)\, dx$$
$$= \frac{1}{4} + \frac{9}{4} = \frac{5}{2}$$

(3) 楕円 $\dfrac{x^2}{a^2} + \dfrac{y^2}{b^2} = 1$ の方程式を y について解くと，$y = \pm\dfrac{b}{a}\sqrt{a^2 - x^2}$ $(-a \le x \le a)$ である．図形の対称性から，求める面積 S は，第 1 象限にある図形の面積を 4 倍したものである．

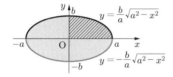

したがって，求める面積は次のようになる．
$$S = 4\cdot\frac{b}{a}\int_0^a \sqrt{a^2 - x^2}\, dx$$

$\displaystyle\int_0^a \sqrt{a^2 - x^2}\, dx$ は半径 a の円 $x^2 + y^2 = a^2$ の第 1 象限にある部分の面積に等しいので，求める面積は，$S = \dfrac{4b}{a}\cdot\dfrac{\pi a^2}{4} = \pi ab$ となる．

> $\displaystyle\int_0^a\sqrt{a^2-x^2}\,dx$ は，$x = a\sin t$ $\left(0 \le t \le \dfrac{\pi}{2}\right)$
> として置換積分を行うか（Q8.6），または，まとめ 7.3(12) の公式を利用して求めることもできる．

9.6 (1) 曲線 $y = \dfrac{1}{x}$，$y = x^2$ の共有点の x 座標は $x = 1$ であり，曲線 $y = \dfrac{1}{x}$，$y = \dfrac{x^2}{8}$ の共有点の x 座標は $x = 2$ であるから，求める面積 S は次のようになる．

$$S = \int_0^1 \left(x^2 - \frac{x^2}{8}\right) dx + \int_1^2 \left(\frac{1}{x} - \frac{x^2}{8}\right) dx$$
$$= \frac{7}{8}\left[\frac{x^3}{3}\right]_0^1 + \left[\log|x| - \frac{x^3}{24}\right]_1^2$$
$$= \frac{7}{24} + \log 2 - \frac{7}{24} = \log 2$$

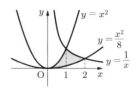

(2) 2 つの曲線の共有点の x 座標は，$x^4 - 2x^2 + 1 = 3x^2 - 3$ を解けばよい．変形すると $(x^2 - 1)(x^2 - 4) = 0$ となるから，$x = \pm 1, \pm 2$ が得られる．いずれも偶関数であるから，$x \ge 0$ の部分の面積を求めて 2 倍すればよい．$x = 1$ を境にして曲線の上下関係が入れ替わることに注意する．以上より，求める面積 S は次のようになる．

$$S = 2\int_0^1 \{(x^4 - 2x^2 + 1) - (3x^2 - 3)\}\, dx$$
$$+ 2\int_1^2 \{(3x^2 - 3) - (x^4 - 2x^2 + 1)\}\, dx$$
$$= 2\int_0^1 (x^4 - 5x^2 + 4)\, dx$$
$$- 2\int_1^2 (x^4 - 5x^2 + 4)\, dx$$
$$= \frac{76}{15} + \frac{44}{15} = 8$$

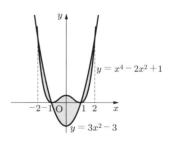

9.7 (1) $f(x) = x^3 - x^2$ とおく．$f(1) = 0$，$f'(1) = 1$ であるから，接線の方程式は

$y = x - 1$ となる.

(2) C と ℓ の共有点の x 座標は，方程式 $x^3 - x^2 = x - 1$ の解である．変形すると $(x+1)(x-1)^2 = 0$ となるので，$x = -1, 1$ である．したがって，A 以外の共有点の座標は $(-1, -2)$ である．

(3) 曲線 C と接線 ℓ は右図のようになるから，求める面積 S は次のようになる.

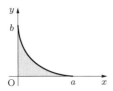

$$S = \int_{-1}^{1} \left\{ (x^3 - x^2) - (x - 1) \right\} dx$$

$$= \int_{-1}^{1} (x^3 - x) \, dx + \int_{-1}^{1} (-x^2 + 1) \, dx$$

$$= 0 + 2 \int_{0}^{1} (-x^2 + 1) \, dx = \frac{4}{3}$$

9.8 $x \geqq 0, y \geqq 0$ だから，この曲線は第 1 象限にある．$\sqrt{\dfrac{y}{b}} = 1 - \sqrt{\dfrac{x}{a}} \geqq 0$ であるから $1 \geqq \sqrt{\dfrac{x}{a}}$ となり，$0 \leqq x \leqq a$ がわかる．同様にして，$0 \leqq y \leqq b$ がわかる．両辺を平方すると，$\dfrac{y}{b} = \left(1 - \sqrt{\dfrac{x}{a}} \right)^2$ であるから，$0 \leqq x \leqq a$ の範囲では x が増加するにつれ y は単調減少する．$x = 0$ のとき $y = b$ であり，$y = 0$ のとき $x = a$ であるので，この曲線は図のような曲線である．

$y = \dfrac{b}{a}(a - 2\sqrt{ax} + x)$ となるから，求める面積 S は次のようになる.

$$S = \int_{0}^{a} \frac{b}{a} \left(a - 2\sqrt{ax} + x \right) dx$$

$$= \frac{b}{a} \left[ax - \frac{4}{3}\sqrt{a}\, x^{\frac{3}{2}} + \frac{1}{2} x^2 \right]_{0}^{a} = \frac{ab}{6}$$

$$\left[\begin{array}{l} \text{この曲線の形は，} y' = \dfrac{b}{a} \left(-\sqrt{\dfrac{a}{x}} + 1 \right) \\[2mm] = \dfrac{b}{a} \cdot \dfrac{\sqrt{x} - \sqrt{a}}{\sqrt{x}} \ \text{より，} 0 \leqq x \leqq a \ \text{での} \\[2mm] \text{増減表が次のようになることからもわかる.} \end{array} \right.$$

x	0		a
y'		$-$	0
y	b	$\searrow$	0

9.9 $\mathrm{P}(x,0,0)$ とすると，$\mathrm{R}(x, a-x, 0)$ であるから，直角二等辺三角形 PQR の面積 $S(x)$ は $S(x) = \dfrac{1}{2}(x-a)^2$ である．したがって，求める立体の体積 V は次のようになる.

$$V = \int_{0}^{a} \frac{1}{2}(x-a)^2 \, dx$$

$$= \left[\frac{1}{6}(x-a)^3 \right]_{0}^{a} = \frac{a^3}{6}$$

9.10 (1) 円の中心を原点とする座標系で考えると，半径 r の円の方程式は $x^2 + y^2 = r^2$ である．直径のまわりに回転するので，x 軸のまわりに回転すると考えると，求める体積は次のようになる.

$$V = \pi \int_{-r}^{r} y^2 \, dx = \pi \int_{-r}^{r} (r^2 - x^2) \, dx$$

$$= \frac{4\pi r^3}{3}$$

(2) 球の中心を原点とする座標系で考えると，半径 r の球の方程式は $x^2 + y^2 + z^2 = r^2$ である．この球を，x 軸上の点 $(x, 0, 0)$ を通り x 軸に垂直な平面で切断してできる断面は円である．断面の円の半径を s とすると，$x^2 + s^2 = r^2$ という関係があるから，断面の円の面積は $S(x) = \pi s^2 = \pi(r^2 - x^2)$ である．したがって，求める体積は次のようになる.

$$V = \int_{-r}^{r} S(x) \, dx = \pi \int_{-r}^{r} (r^2 - x^2) \, dx$$

$$= \frac{4\pi r^3}{3}$$

9.11 求める回転体の体積を V とする.

(1) 共有点の x 座標は，$x^2 = -x + 2$ を解いて $x = -2, 1$ であるから，次のようになる.

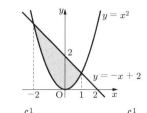

$$V = \pi \int_{-2}^{1} (-x + 2)^2 \, dx - \pi \int_{-2}^{1} (x^2)^2 \, dx$$

$$= \pi \int_{-2}^{1} (x^2 - 4x + 4 - x^4) \, dx = \frac{72\pi}{5}$$

(2) 積分範囲は $1 \leqq x \leqq e$ である. 部分積分を繰り返すことにより, 次のようになる.

$$V = \pi \int_{1}^{e} (\log x)^2 \, dx = \pi \int_{1}^{e} 1 \cdot (\log x)^2 dx$$

$$= \pi \left[x(\log x)^2 \right]_{1}^{e} - \pi \int_{1}^{e} x \cdot 2\log x \cdot \frac{1}{x} \, dx$$

$$= \pi e - 2\pi \int_{1}^{e} \log x \, dx$$

$$= \pi e - 2\pi \left(\left[x\log x \right]_{1}^{e} - \int_{1}^{e} x \cdot \frac{1}{x} \, dx \right)$$

$$= \pi e - 2\pi \left(e - \int_{1}^{e} 1 \, dx \right)$$

$$= \pi(e - 2)$$

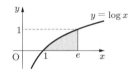

(3) $0 \leqq x \leqq \dfrac{\pi}{3}$ では $\sin 2x \geqq \sin x$ である. 半角の公式 $\sin^2 \theta = \dfrac{1 - \cos 2\theta}{2}$ を利用すると, 次のようになる.

$$V = \pi \int_{0}^{\frac{\pi}{3}} \sin^2 2x \, dx - \pi \int_{0}^{\frac{\pi}{3}} \sin^2 x \, dx$$

$$= \pi \int_{0}^{\frac{\pi}{3}} \frac{1 - \cos 4x}{2} \, dx$$

$$\quad - \pi \int_{0}^{\frac{\pi}{3}} \frac{1 - \cos 2x}{2} \, dx$$

$$= \frac{\pi}{2} \int_{0}^{\frac{\pi}{3}} (-\cos 4x + \cos 2x) dx$$

$$= \frac{\pi}{2} \left[-\frac{1}{4} \sin 4x + \frac{1}{2} \sin 2x \right]_{0}^{\frac{\pi}{3}}$$

$$= \frac{\pi}{2} \left(\frac{\sqrt{3}}{8} + \frac{\sqrt{3}}{4} \right)$$

$$= \frac{3\sqrt{3}\pi}{16}$$

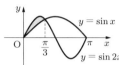

9.12 この図形を x 軸のまわりに回転してできる回転体の体積を V_1 とすると,

$$V_1 = \pi \int_{0}^{a} (ax - x^2)^2 \, dx$$

$$= \pi \int_{0}^{a} (a^2 x^2 - 2ax^3 + x^4) \, dx = \frac{\pi a^5}{30}$$

である. 一方, 標準形に直すと

$$y = ax - x^2 = -\left(x - \frac{a}{2} \right)^2 + \frac{a^2}{4}$$

である. よって, この図形を放物線の軸 $x = \dfrac{a}{2}$ のまわりに回転してできる回転体の体積 V_2 は, この放物線を x 軸方向に $-\dfrac{a}{2}$ だけ平行移動してできる放物線 $y = -x^2 + \dfrac{a^2}{4}$ と x 軸で囲まれる図形を y 軸のまわりに回転してできる回転体の体積と同じである. したがって, V_2 は次のようになる.

$$V_2 = \pi \int_{0}^{\frac{a^2}{4}} x^2 \, dy$$

$$= \pi \int_{0}^{\frac{a^2}{4}} \left(\frac{a^2}{4} - y \right) dy = \frac{\pi a^4}{32}$$

$V_1 = V_2$ であるから, $a = \dfrac{15}{16}$ である.

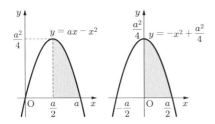

9.13 与えられた領域は, 中心 $(0, a)$, 半径 1 の円の内部である. $(y - a)^2 = 1 - x^2$ であるから, $y = a \pm \sqrt{1 - x^2}$ となるので, 求める回転体の体積を V とすると, V は次の式で計算される.

$$V = \pi \int_{-1}^{1} \left(a + \sqrt{1 - x^2} \right)^2 dx$$
$$\qquad - \pi \int_{-1}^{1} \left(a - \sqrt{1 - x^2} \right)^2 dx$$
$$\quad = 4\pi a \int_{-1}^{1} \sqrt{1 - x^2} \, dx$$

$\int_{-1}^{1} \sqrt{1 - x^2} \, dx$ は半径 1 の半円の面積に等しいので, $V = 4\pi a \cdot \dfrac{\pi}{2} = 2\pi^2 a$ である.

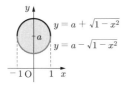

9.14 (1) 合成すると, $v(t) = 2 \sin \pi \left(t + \dfrac{1}{3} \right)$ である. 最短で最大になるのは

$$\pi \left(t + \frac{1}{3} \right) = \frac{\pi}{2}$$

のときであるから, $t = \dfrac{1}{6}$ 秒である.
(2) 向きを変えるのは $v(t)$ の符号が変わるときであるから, $\pi \left(t + \dfrac{1}{3} \right) = \pi$ のときである. よって, $t = \dfrac{2}{3}$ 秒のときである.
(3) 原点から出発するので, $x(0) = 0$ である. したがって,

$$x(t) = x(0) + \int_{0}^{t} v(t) \, dt$$
$$= \int_{0}^{t} 2 \sin \pi \left(t + \frac{1}{3} \right) dt$$
$$= -\frac{2}{\pi} \cos \pi \left(t + \frac{1}{3} \right) + \frac{1}{\pi}$$

である.
(4) $x - \dfrac{1}{\pi} = -\dfrac{2}{\pi} \cos \pi \left(t + \dfrac{1}{3} \right)$ であり, $-\dfrac{2}{\pi} \leq -\dfrac{2}{\pi} \cos \pi \left(t + \dfrac{1}{3} \right) \leq \dfrac{2}{\pi}$ であるから, $-\dfrac{2}{\pi} \leq x - \dfrac{1}{\pi} \leq \dfrac{2}{\pi}$ である. したがって, $-\dfrac{1}{\pi} \leq x \leq \dfrac{3}{\pi}$ である.

9.15 $y = ax^2$ を $x = ay^2$ に代入すれば, $x = a^3 x^4$, すなわち, $x(a^3 x^3 - 1) = 0$ を得る. これを解いて, $x = 0, \dfrac{1}{a}$ であるから, 2 つの曲線の共有点は原点と点 $\left(\dfrac{1}{a}, \dfrac{1}{a} \right)$ である. したがって, 求める面積 S は,

$$S = \int_{0}^{\frac{1}{a}} \left(\sqrt{\frac{x}{a}} - ax^2 \right) dx$$
$$= \left[\frac{2}{3\sqrt{a}} \sqrt{x^3} - \frac{1}{3} ax^3 \right]_{0}^{\frac{1}{a}} = \frac{1}{3a^2}$$

9.16 $x = -y^2 + ay$ と $ax = y^2$ を連立させて解くと, $y = 0, \dfrac{a^2}{a + 1}$ であるから, y で積分することにより, 求める面積 S は次のようになる.

$$S = \int_{0}^{\frac{a^2}{a+1}} \left(-y^2 + ay - \frac{y^2}{a} \right) dy$$
$$= \int_{0}^{\frac{a^2}{a+1}} \left(ay - \frac{a + 1}{a} y^2 \right) dy$$

$$= \left[\frac{a}{2}y^2 - \frac{a+1}{3a}y^3 \right]_0^{\frac{a^2}{a+1}}$$

$$= \frac{a}{2}\left(\frac{a^2}{a+1}\right)^2 - \frac{a+1}{3a}\cdot\left(\frac{a^2}{a+1}\right)^3$$

$$= \left(\frac{a^2}{a+1}\right)^2 \left\{ \frac{a}{2} - \frac{a+1}{3a}\cdot\frac{a^2}{a+1} \right\}$$

$$= \frac{a^5}{6(a+1)^2}$$

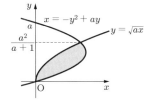

9.17 $2y^2 - 2xy + x^2 - 2 = 0$ を y について解く と，$y = \frac{1}{2}\left(x \pm \sqrt{4-x^2}\right)$ であるから，求め る図形は 2 つの曲線 $y = \frac{1}{2}\left(x \pm \sqrt{4-x^2}\right)$ で囲まれた部分である．この関数の定義域は $-2 \leqq x \leqq 2$ であるから，求める面積 S は次 のように計算される．

$$S = \frac{1}{2}\int_{-2}^{2}\left\{\left(x + \sqrt{4-x^2}\right)\right.$$
$$\left. - \left(x - \sqrt{4-x^2}\right)\right\} dx$$

$$= \int_{-2}^{2}\sqrt{4-x^2}\,dx = 2\int_{0}^{2}\sqrt{4-x^2}\,dx$$

$\int_{0}^{2}\sqrt{4-x^2}\,dx$ は，半径 2 の円 $x^2 + y^2 = 4$ の面積の $\frac{1}{4}$ に等しいから，$S = 2\cdot 4\pi\cdot\frac{1}{4} = 2\pi$ である．

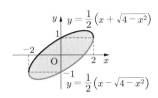

9.18 (1) $f'(x) = -\frac{2(x^2-1)}{(x^2+1)^2}$ であるから，

点 $(t, f(t))$ における接線の方程式は

$$y = -\frac{2(t^2-1)}{(t^2+1)^2}(x-t) + \frac{2t}{t^2+1}$$

$$= -\frac{2(t^2-1)}{(t^2+1)^2}x + \frac{4t^3}{(t^2+1)^2}$$

である．また，$f(x)$ の増減を調べると，

x		-1		1	
$f'(x)$	$-$	0	$+$	0	$-$
$f(x)$	↘	-1	↗	1	↘

となるので，$y = f(x)$ のグラフは下図のよう になる．したがって，求める面積は次の定積 分で計算される．

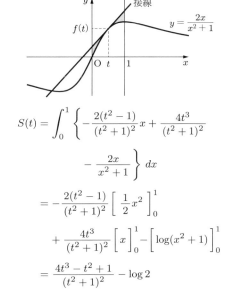

$$S(t) = \int_0^1 \left\{ -\frac{2(t^2-1)}{(t^2+1)^2}x + \frac{4t^3}{(t^2+1)^2} \right.$$
$$\left. - \frac{2x}{x^2+1} \right\} dx$$

$$= -\frac{2(t^2-1)}{(t^2+1)^2}\left[\frac{1}{2}x^2 \right]_0^1$$
$$+ \frac{4t^3}{(t^2+1)^2}\left[x \right]_0^1 - \left[\log(x^2+1) \right]_0^1$$

$$= \frac{4t^3 - t^2 + 1}{(t^2+1)^2} - \log 2$$

(2) (1) で求めた $S(t)$ を微分すると

$$S'(t) = -\frac{2t(2t^3 - t^2 - 6t + 3)}{(t^2+1)^3}$$

$$= -\frac{2t(2t-1)(t^2-3)}{(t^2+1)^3}$$

である．$0 \leqq t \leqq 1$ の範囲で増減表を調べる と，次のようになる．

t	0	$\cdots$	$\frac{1}{2}$	$\cdots$	1
S'		$-$	0	$+$	
S		↘	最小	↗	

したがって，最小値は $S\left(\dfrac{1}{2}\right)=\dfrac{4}{5}-\log 2$ である.

9.19 (1) $(y-1)^2=1+x$ と $(y-1)^2=1-x$ から，$1+x=1-x$，よって，共有点の x 座標は $x=0$ となる. そのときの y 座標は，$(y-1)^2=1$ より，$y=0,2$ となる. これより，2 曲線の共有点は $(0,0)$ と $(0,2)$ である. グラフは図のとおりである.

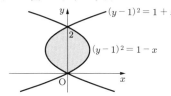

(2) y で積分すると

$$S=\int_0^2\left\{(1-(y-1)^2)-((y-1)^2-1)\right\}dy$$

$$=2\int_0^2\left\{-(y-1)^2+1\right\}dy$$

$$=2\left[-\frac{1}{3}(y-1)^3+y\right]_0^2=\frac{8}{3}$$

(3) 2 曲線は y 軸に関して対称であるから，

$$V_1=\pi\int_0^2\left\{-(y-1)^2+1\right\}^2dy$$

$$=\pi\int_0^2\left\{(y-1)^4-2(y-1)^2+1\right\}dy$$

$$=\pi\left[\frac{1}{5}(y-1)^5-\frac{2}{3}(y-1)^3+y\right]_0^2$$

$$=\frac{16\pi}{15}$$

(4) 求める立体の体積 V_2 は，$y=1+\sqrt{1-x}$，$y=1-\sqrt{1-x}$，および y 軸で囲まれた図形を x 軸のまわりに回転してできる回転体の体積の 2 倍である. したがって，次のように計算される.

$$V_2=2\pi\int_0^1\left\{\left(1+\sqrt{1-x}\right)^2\right.$$
$$\left.-\left(1-\sqrt{1-x}\right)^2\right\}dx$$

$$=2\pi\int_0^1 4\sqrt{1-x}\,dx$$

$$=8\pi\left[-\frac{2}{3}(1-x)^{\frac{3}{2}}\right]_0^1=\frac{16\pi}{3}$$

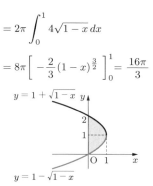

監修者

上野　健爾　京都大学名誉教授・四日市大学関孝和数学研究所長
　　　　　　理学博士

編集担当　太田陽喬（森北出版）
編集責任　上村紗帆（森北出版）
組　版　ウルス
印　刷　創栄図書印刷
製　本　同

高専テキストシリーズ
微分積分1問題集（第2版）　　ⓒ 高専の数学教材研究会　*2021*

2012 年 11 月 5 日　第 1 版第 1 刷発行　　【本書の無断転載を禁ず】
2020 年 4 月 10 日　第 1 版第 10 刷発行
2021 年 10 月 26 日　第 2 版第 1 刷発行
2023 年 3 月 10 日　第 2 版第 2 刷発行

編　　者　高専の数学教材研究会
発 行 者　森北博巳
発 行 所　森北出版株式会社

　　　　　東京都千代田区富士見 1-4-11（〒102-0071）
　　　　　電話 03-3265-8341／FAX 03-3264-8709
　　　　　https://www.morikita.co.jp/
　　　　　日本書籍出版協会・自然科学書協会　会員
　　　　　[JCOPY]＜(一社)出版者著作権管理機構　委託出版物＞

落丁・乱丁本はお取替えいたします.

Printed in Japan／ISBN978-4-627-05582-7